Lis, découvre et comprends !

L'encyclopédie des petits

L'Univers

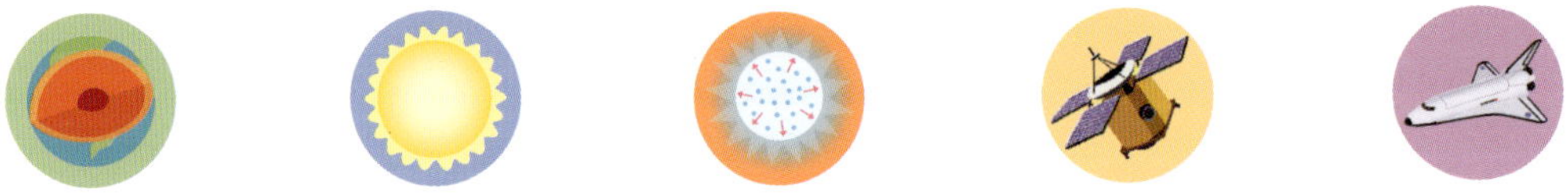

SOMMAIRE

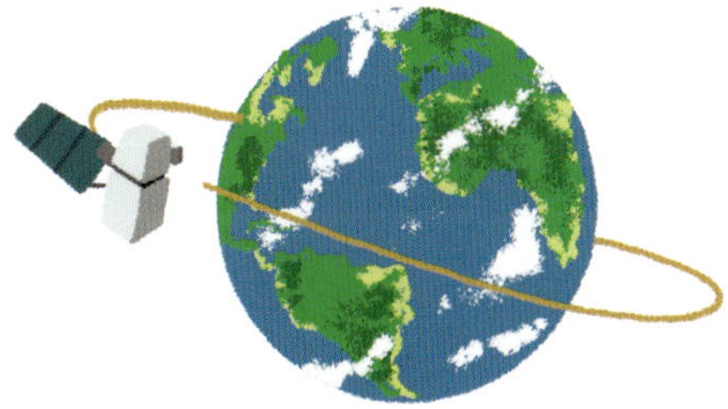

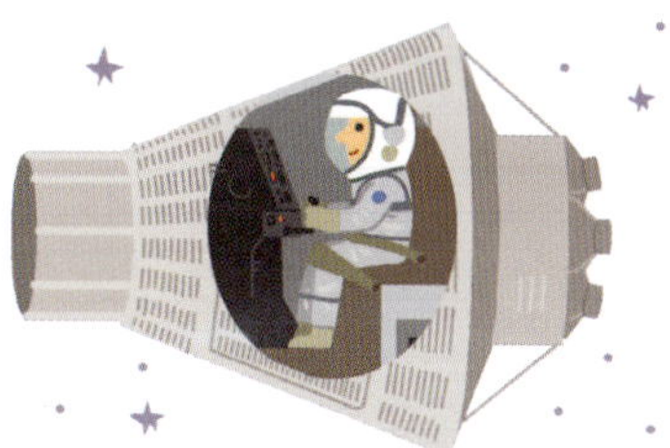

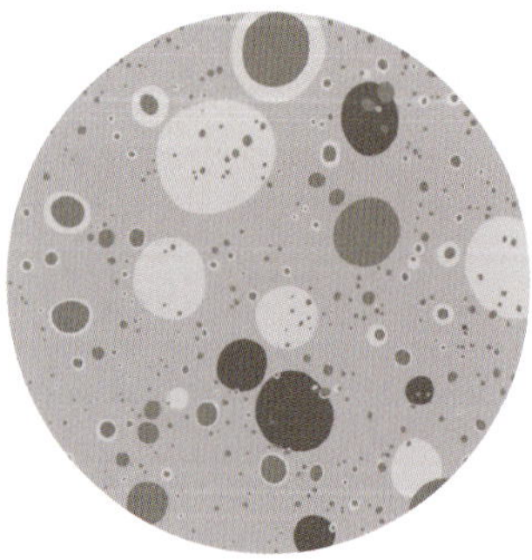

LA TERRE ET LE CIEL

LES YEUX TOURNÉS VERS LE CIEL

Depuis toujours, les hommes aiment regarder le ciel et y voir le Soleil se lever et se coucher, la Lune et les étoiles apparaître à la nuit tombée.

Pour les courageux qui aiment se lever tôt, observer le lever du Soleil est un spectacle magique !

En plein jour, on peut parfois voir la Lune et le Soleil en même temps. C'est étonnant ! Mais où sont les étoiles ?

LE CACHE-CACHE DES ÉTOILES

En plein jour, la lumière du Soleil est si forte qu'on ne voit pas les étoiles.

Parfois, la nuit, les étoiles disparaissent derrière les nuages !

Dans les grandes villes, il y a trop de lumière pour voir les étoiles.

LA TERRE, NOTRE PLANÈTE

C'est la seule planète connue occupée par des êtres vivants. En grande partie recouverte d'eau, elle est surnommée la planète bleue.

L'atmosphère est une enveloppe d'air qui entoure la Terre. Elle est faite de 5 couches.

1. La **troposphère** est la couche la plus proche de la Terre, en haut de laquelle volent les avions.

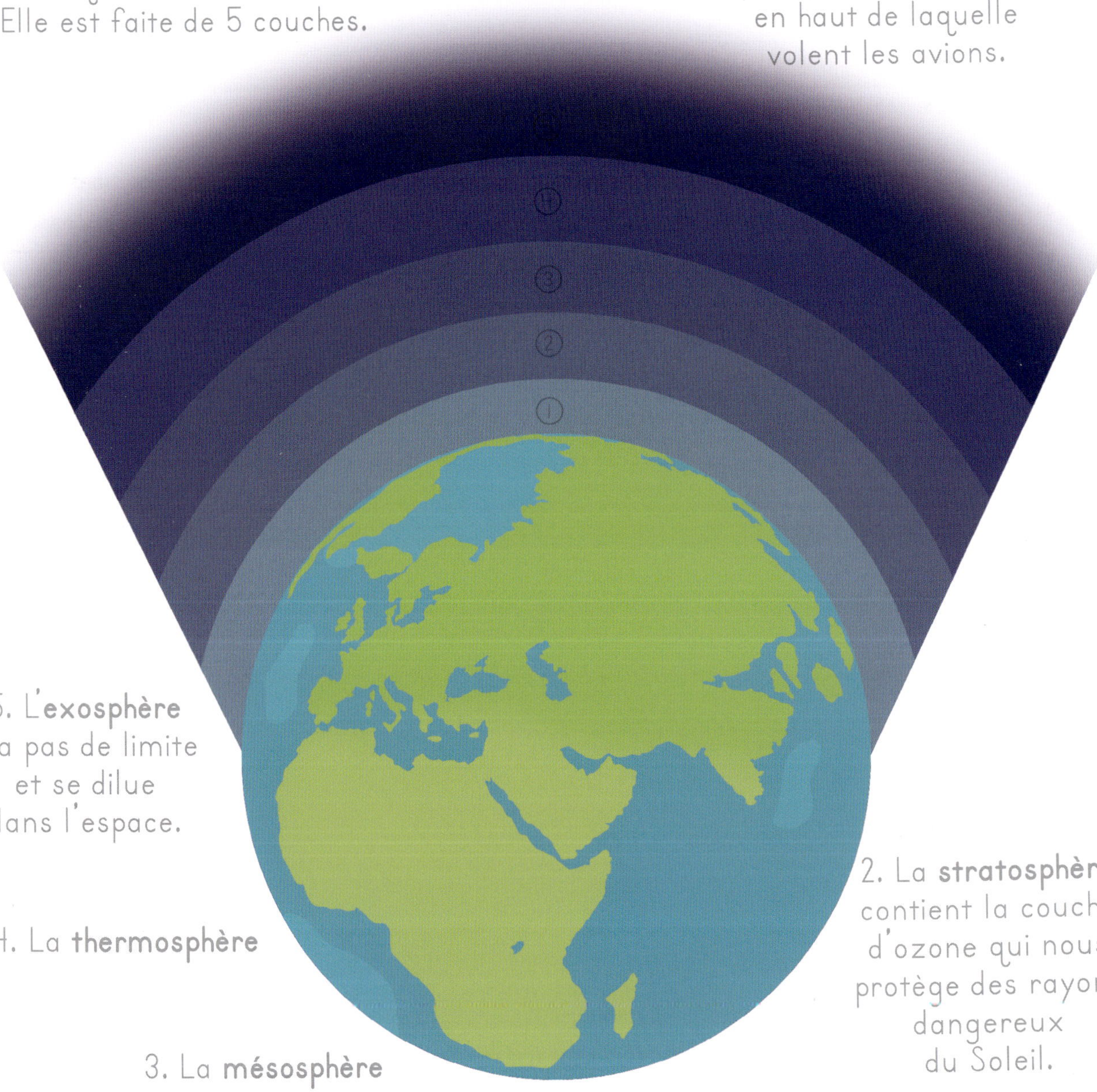

5. L'**exosphère** n'a pas de limite et se dilue dans l'espace.

4. La **thermosphère**

3. La **mésosphère**

2. La **stratosphère** contient la couche d'ozone qui nous protège des rayons dangereux du Soleil.

À l'intérieur de la Terre

La Terre est née il y a 4,5 milliards d'années. Elle était alors une grosse boule brûlante.

Aujourd'hui, elle est faite de trois **couches** : un noyau, un manteau et une croûte faite de plaques.

Celles-ci bougent très lentement. Leurs chocs passés ont petit à petit fait naître les montagnes.

Dans les océans, le mouvement des plaques a créé d'immenses fosses très profondes.

UNE TERRE EN ACTIVITÉ

La Terre est une planète active. À la surface, des volcans sont régulièrement en éruption...

... et des séismes la font parfois trembler, provoquant beaucoup de dégâts.

CIEL DE JOUR, CIEL DE NUIT

Bleu, gris, clair et dégagé ou couvert de nuages, noir à la nuit tombée ou constellé d'étoiles, le ciel ne cesse de changer.

Le cycle de l'eau

Les couleurs du ciel

La **lumière** du Soleil qui nous paraît blanche est en réalité composée de **7 couleurs.**

Le jour, l'atmosphère diffuse les rayons bleus de cette lumière. C'est pourquoi le ciel est bleu.

Les nuages blancs, chargés de gouttelettes d'eau, diffusent toutes les couleurs de la lumière du Soleil à la fois.

Si le Soleil brille pendant la pluie, les gouttelettes d'eau décomposent sa lumière blanche en un bel **arc-en-ciel.**

Baoum ! Quand l'orage éclate, le ciel est sombre et zébré d'éclairs.

Le soir, le Soleil se couche à l'horizon. Le ciel prend une magnifique couleur rouge orangé.

LE SOLEIL, NOTRE PRÉCIEUSE ÉTOILE

Sans la chaleur et la lumière de cette immense boule de gaz très brûlante, aucune vie ne serait possible sur Terre !

Il est fait de **gaz** qui brûlent petit à petit.

Le Soleil est né il y a 5 milliards d'années.

Les **taches** sombres sont des zones plus froides.

Sa taille est **gigantesque** : il pourrait contenir plus d'un million de planètes Terre !

Depuis la Terre,
le Soleil nous semble
petit dans le ciel...

... parce qu'il
est très loin
de notre planète,
à 150 millions
de kilomètres !

Pourtant, c'est
l'étoile la plus
proche de nous,
celle qui nous
éclaire et nous
chauffe.

Sa lumière
met 8 mn à
nous parvenir.

DES RAYONS UTILES... MAIS DANGEREUX

Avec des panneaux solaires, on peut utiliser l'**énergie** du Soleil pour fabriquer de l'électricité.

Attention ! Les rayons du Soleil peuvent être **dangereux**. Il faut bien protéger sa peau et ses yeux.

LA TERRE EN MOUVEMENT

On ne s'en rend pas compte, mais la Terre est en mouvement permanent ! Elle tourne sur elle-même, tout en tournant autour du Soleil.

Comme une toupie, la Terre tourne sur elle-même, en 24 h. Ce mouvement s'appelle une **rotation.**

À chaque moment, une moitié de la Terre est en plein jour et l'autre moitié dans la nuit...

... puis comme la Terre tourne sans arrêt, c'est le contraire. Le jour et la nuit alternent.

LE MOUVEMENT APPARENT DU SOLEIL

La rotation de la Terre donne l'impression que le Soleil bouge dans le ciel, de son lever le matin à l'est jusqu'à son coucher le soir à l'ouest... Alors que c'est la Terre qui bouge !

Les saisons

La Terre tourne autour du Soleil en 365 jours ou une **année**. On appelle ce mouvement une **révolution**. Au fil de l'année, chaque endroit de la Terre ne reçoit pas les rayons du Soleil de la même façon, car la Terre est inclinée. C'est ce qui explique les **saisons**.

Quand c'est l'hiver dans l'**hémisphère Nord**, cette zone reçoit peu de lumière et de chaleur. Dans l'**hémisphère Sud**, c'est l'été.

Quand c'est l'été dans l'hémisphère Nord, cette zone reçoit beaucoup de lumière et de chaleur. Dans l'hémisphère Sud, c'est l'hiver.

NOTRE VOISINE, LA LUNE

Vue depuis la Terre, la Lune semble changer de forme tout le temps. Elle ne brille pas toute seule : elle reflète la lumière du Soleil.

Les phases de la Lune

Il faut 28 jours à la Lune pour faire le tour de la Terre. Au cours de ce cycle, on voit plus ou moins sa face éclairée par le Soleil.

Le premier **croissant**

La Lune **gibbeuse** visible presque en entier

La nouvelle Lune **invisible**

PORTRAIT DE LA LUNE

La Lune serait née d'un **choc** entre la jeune Terre et une autre planète.

Les débris agglutinés auraient formé la Lune.

Depuis, la Lune est le **satellite naturel** de la Terre.

La Lune est 50 fois plus petite que la Terre et 400 fois plus petite que le Soleil.

Petit à petit, la Lune s'éloigne de la Terre, de 4 cm environ chaque année.

La Lune attire l'eau des océans et provoque les **marées**.

ZOOM SUR LA LUNE

La surface de la Lune est grise et couverte de poussière. C'est un endroit sans vie, sans air et sans eau.

Le sol lunaire est criblé de **cratères** plus ou moins grands.

Les larges taches sombres sont appelées **mers**, même si elles ne contiennent pas d'eau.

Ces mers ont été remplies par la lave des volcans.

Contrairement à la Terre, la Lune n'a pas d'atmosphère.

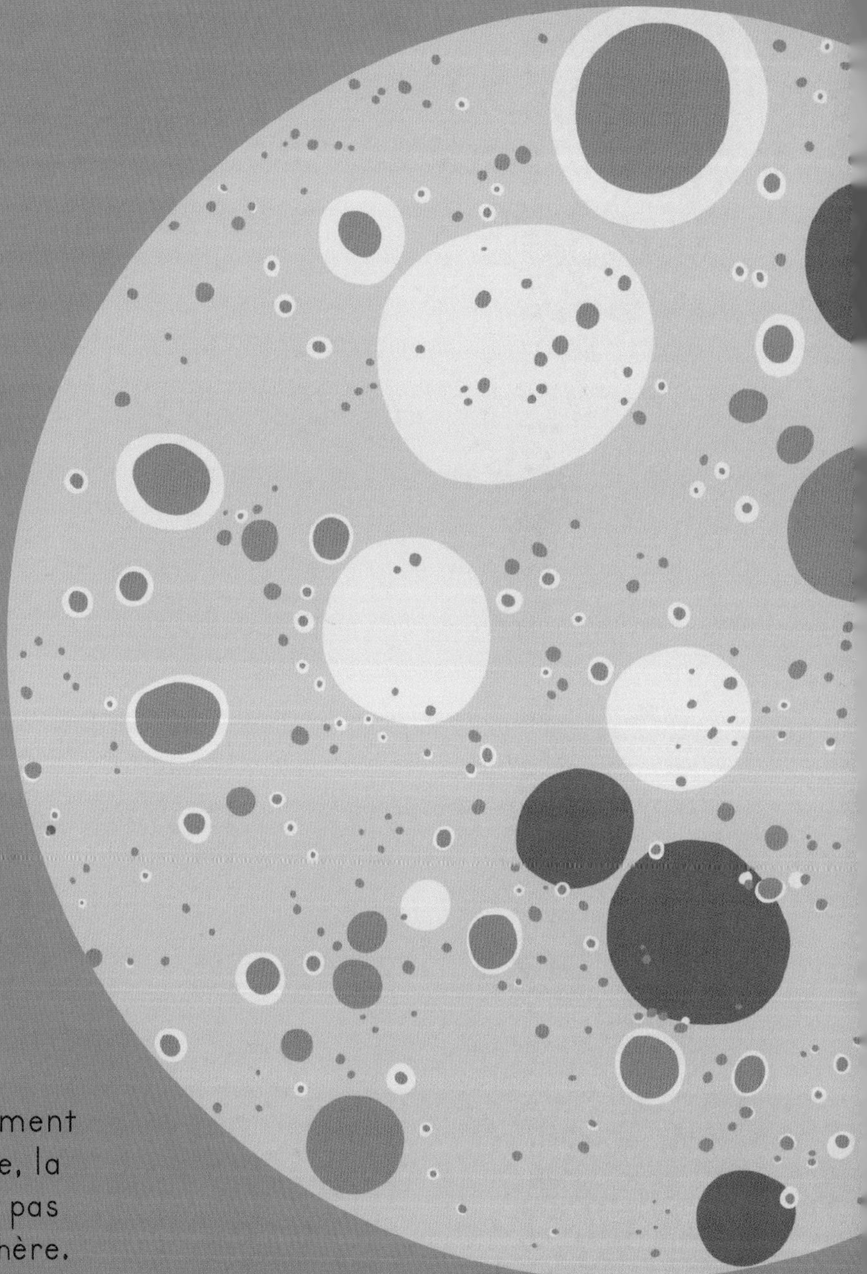

On trouve des pics et des **montagnes** sur la Lune.

Les plus hauts sommets atteignent plus de 8 000 m.

Les températures peuvent atteindre 120 °C le jour et chuter à −170 °C la nuit. Impossible d'y vivre !

Pas la peine de crier sur la Lune. Sans atmosphère, aucun son n'est transporté. C'est le silence complet.

LES EXPRESSIONS

Être dans la lune : c'est être distrait, perdu dans ses pensées.

Décrocher la lune : c'est obtenir une chose presque impossible.

Être mal luné : c'est être de mauvaise humeur.

JEUX DE CACHE-CACHE

La Lune tourne autour de la Terre, qui elle tourne autour du Soleil. Dans cette danse permanente, les trois astres jouent parfois à cache-cache !

Une éclipse de Soleil

Une éclipse de Lune

Une éclipse de Lune se produit lorsque la Lune passe dans l'**ombre** de la Terre : la Lune n'est plus éclairée.

Voici ce que l'on voit depuis la Terre.

UNE ÉCLIPSE TOTALE DE SOLEIL

Le 2 juillet 2019, au Chili, on a pu observer une éclipse totale.

Pas question de regarder le Soleil à l'œil nu ! Des lunettes spéciales sont obligatoires.

Les spectateurs ont pu vivre 2 mn 36 s de nuit en plein jour !

AU CŒUR DU SYSTÈME SOLAIRE

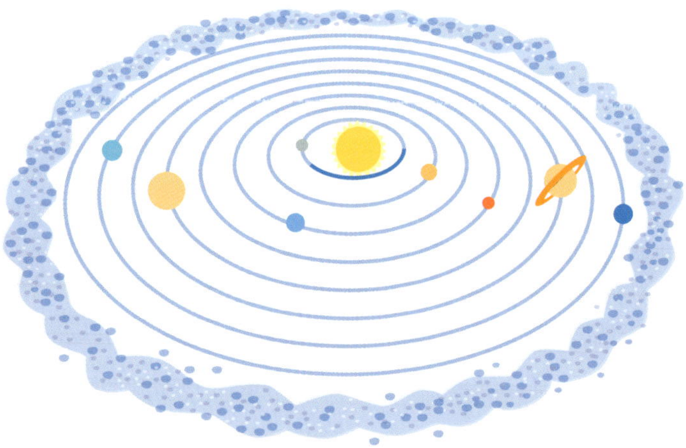

LA FAMILLE DU SOLEIL

Autour du Soleil, huit planètes, dont la Terre, et des millions d'objets faits de roches, de gaz, de poussières tournent sans jamais s'arrêter.

Une **étoile** est une grosse boule qui **produit** de la lumière.

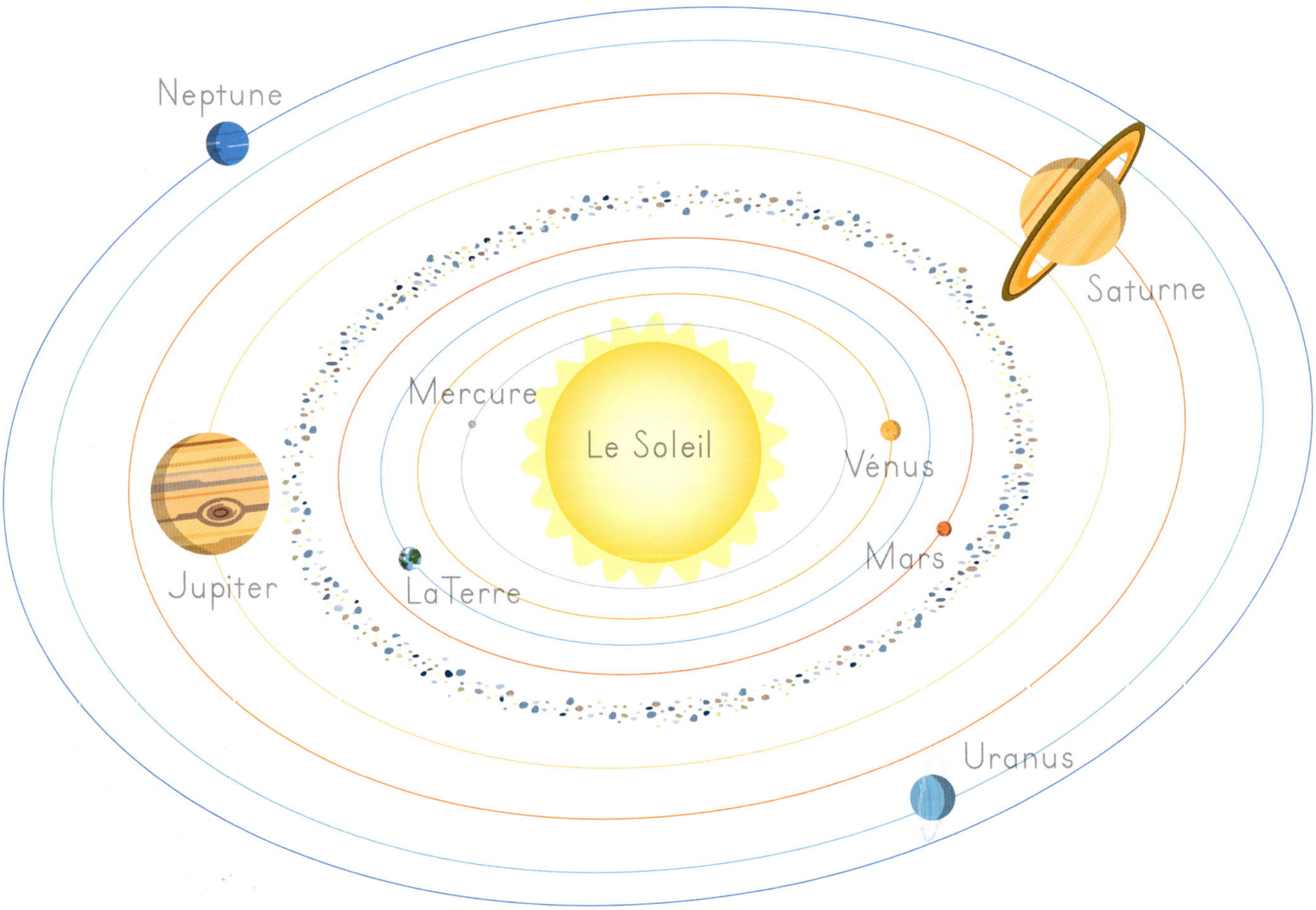

Une **planète** est une boule aussi, beaucoup plus petite, qui ne produit aucune lumière.

LA NAISSANCE DU SYSTÈME SOLAIRE

Le Soleil est né d'un gigantesque nuage de gaz et de roche tournant à toute vitesse sur lui-même.

Les restes de gaz et de roche ont tourné comme un disque autour du Soleil...

Ces morceaux se sont collés les uns aux autres et ont formé huit planètes, dont notre Terre.

Chaque planète tourne autour du Soleil sur un chemin invisible appelé **orbite**.

Les planètes tournent aussi sur elles-mêmes, plus ou moins vite.

Six des huit planètes ont des **satellites** qui tournent autour d'elles.

DES PLANÈTES ROCHEUSES

Les quatre planètes les plus proches du Soleil sont faites de roche et de métal, et possèdent une surface solide. On les appelle les planètes telluriques.

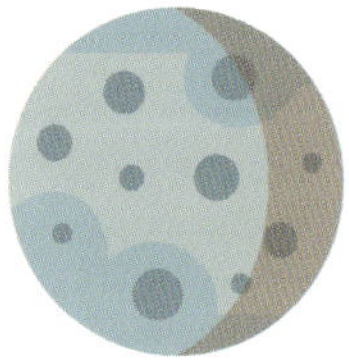

Mercure est la plus petite et la plus proche du Soleil.

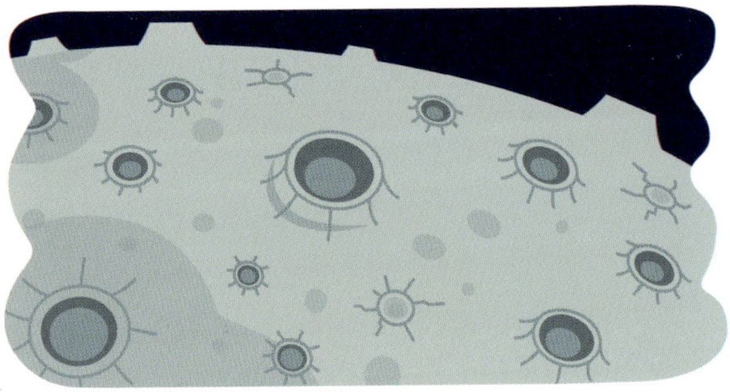

Son sol est gris et couvert de cratères, comme celui de la Lune.

Vénus est entourée d'une épaisse couche de nuages qui retient la chaleur : il y fait très chaud, plus de 400 °C !

Elle brille si fort la nuit qu'on la surnomme l'**étoile du Berger**. C'est pourtant bien une planète !

La Terre est la plus grande des quatre planètes rocheuses.

Elle est la seule à abriter des millions d'espèces vivantes.

Mars est surnommée la planète rouge, en raison de la couleur de son sol qui contient beaucoup de rouille.

Elle tourne sur elle-même en un peu plus de 24 h, presque comme la Terre.

Aux pôles, on trouve de la **glace**.

Mars possède un gigantesque **canyon** nommé Valles Marineris.

De grosses **tempêtes** de sable soufflent sur la planète.

Il y fait très froid, -63 °C en moyenne !

Elle possède deux petits satellites, **Phobos** et **Déimos**.

DES PLANÈTES GAZEUSES

Voici les quatre planètes les plus éloignées du Soleil. Elles n'ont pas de sol et sont composées en grande partie de gaz !

La géante Jupiter

C'est la plus grosse des planètes du système solaire. Elle possède 63 satellites. Depuis plus de 300 ans, une gigantesque tempête, la **grande tache rouge**, fait rage à sa surface.

Saturne et ses anneaux

Quelle allure ! Saturne est remarquable avec ses milliers d'**anneaux** brillants faits de glace qui tournent autour d'elle. Cette énorme boule de gaz est si légère qu'elle flotterait si on pouvait la poser sur l'eau.

Uranus et Neptune, les jumelles lointaines

Uranus
a une drôle de position,
couchée sur le côté...
On pense qu'elle
a été percutée
par une planète,
d'où son **axe penché**.

Cette géante
de glace est
essentiellement
formée d'un mélange
d'eau, de méthane
et d'ammoniac.

Comme **Neptune**
est belle !
C'est le méthane,
le gaz qu'elle
contient, qui lui
donne cette éclatante
couleur bleue.

Elle est si loin
du Soleil qu'il lui faut
165 ans pour en faire
le tour ! L'atmosphère
y est très froide :
−220 °C !

TOMBÉS DU CIEL

Les astéroïdes sont des millions de blocs rocheux et métalliques qui tournent en ceinture autour du Soleil, entre les orbites de Mars et de Jupiter.

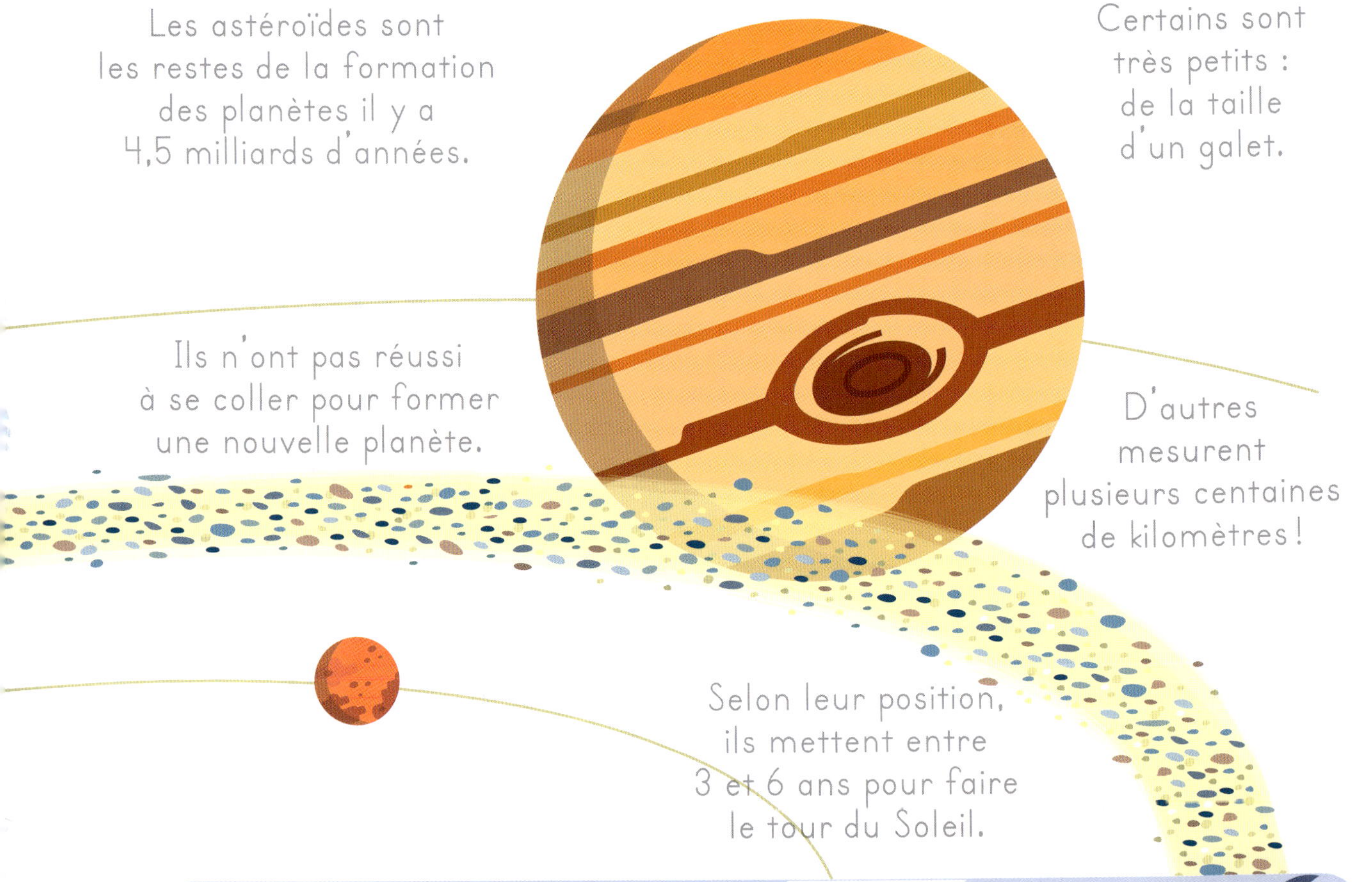

Les astéroïdes sont les restes de la formation des planètes il y a 4,5 milliards d'années.

Certains sont très petits : de la taille d'un galet.

Ils n'ont pas réussi à se coller pour former une nouvelle planète.

D'autres mesurent plusieurs centaines de kilomètres !

Selon leur position, ils mettent entre 3 et 6 ans pour faire le tour du Soleil.

Le sais-tu ?

La fin des dinosaures

Il y a 65 millions d'années, l'impact d'un énorme astéroïde sur la Terre aurait provoqué l'extinction des dinosaures.

GARE À LA CHUTE !

Quand les astéroïdes se cognent, des **débris** partent dans l'espace.

Ces débris se désintègrent. Parfois, ils **tombent** sur la Terre.

Quand ces morceaux entrent dans notre **atmosphère**, ils chauffent…

… et laissent des traînées lumineuses : les **étoiles filantes** !

Mais il arrive qu'un astéroïde ne soit pas complètement détruit par notre atmosphère… et s'écrase sur la Terre !

On parle alors de **météorite.** Si elle ne tombe pas dans la mer, elle crée un cratère à l'endroit où elle s'est écrasée !

LES COMÈTES

Les comètes sont faites de glace et de poussières. Elles se baladent dans l'espace et viennent parfois nous rendre visite !

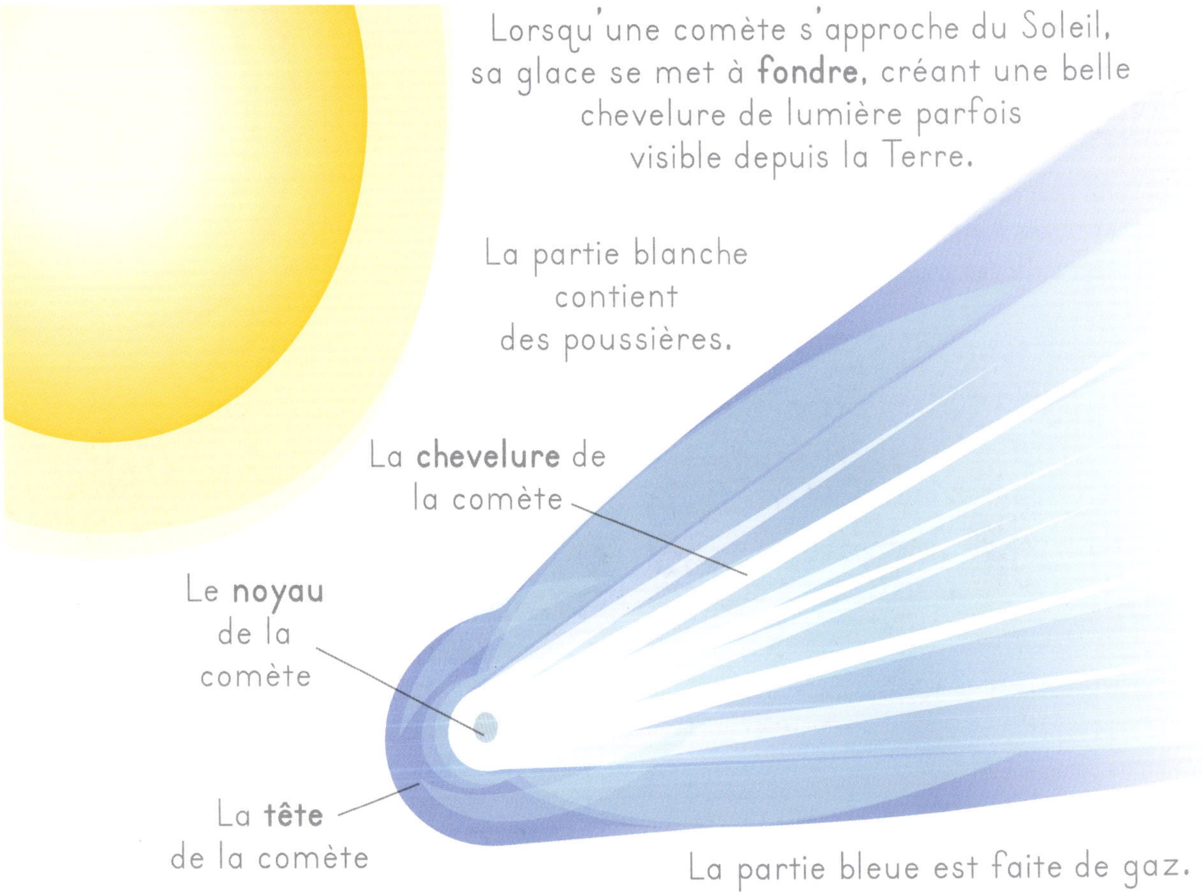

D'OÙ VIENNENT LES COMÈTES ?

Les comètes viennent de deux réservoirs :

La **ceinture de Kuiper** : une ceinture d'astéroïdes, située au-delà de Neptune.

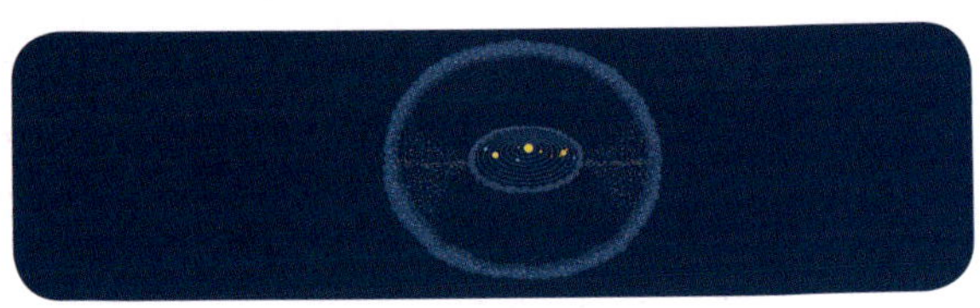

Le **nuage d'Oort** dans l'espace très lointain.

LA COMÈTE DE HALLEY

Dès l'Antiquité, les Chinois observent un astre mystérieux dans le ciel avec un large panache.

On peut voir une comète sur la fameuse tapisserie de Bayeux.

Né en 1656 en Angleterre, **Edmond Halley** devient, dès l'âge de 17 ans, un astronome passionné.

Avec l'aide de son ami **Isaac Newton**, il prédit que la comète (qui portera son nom) revient tous les 76 ans environ.

En 1985, la sonde Giotto s'approche très près de la comète de Halley, à 600 km de son noyau.

En 1986, la comète de Halley passe de nouveau près de la Terre. Son prochain passage est prévu en 2061.

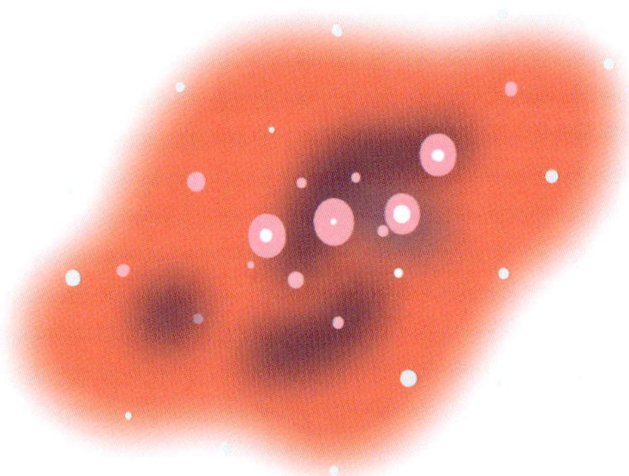

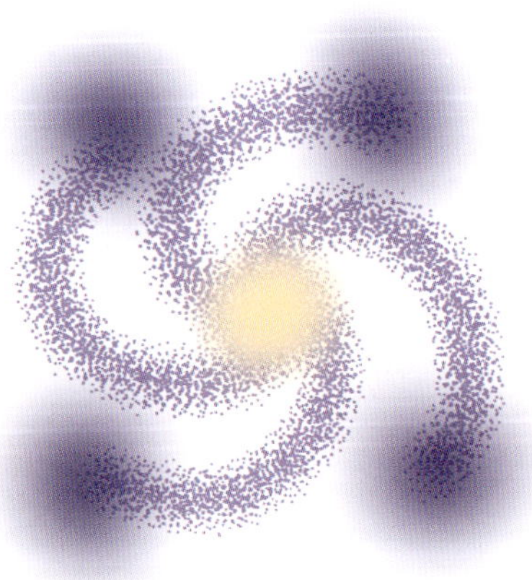

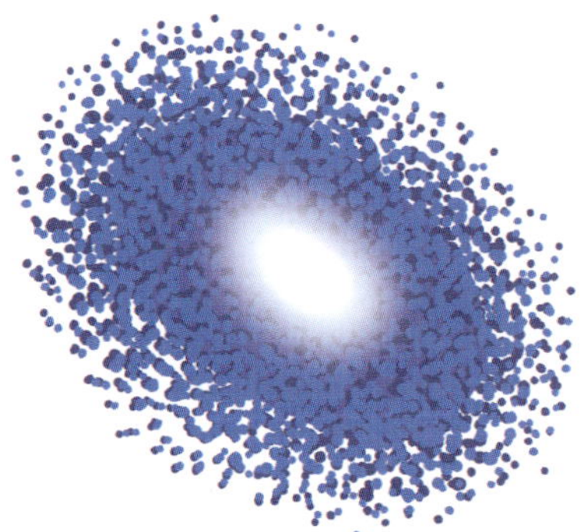

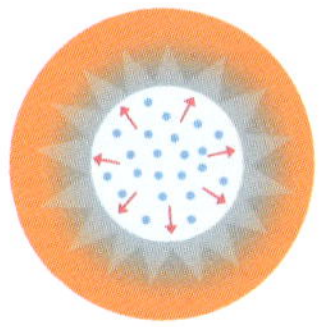

À LA DÉCOUVERTE DE L'UNIVERS

LA NAISSANCE DE L'UNIVERS

Les scientifiques pensent que tout a commencé par l'explosion énorme d'une boule d'énergie.

Cette explosion a été nommée **« big bang »**, qui signifie « grand boum » en anglais.

Cette explosion aurait libéré plein de particules, c'est-à-dire plein de petites billes de matière.

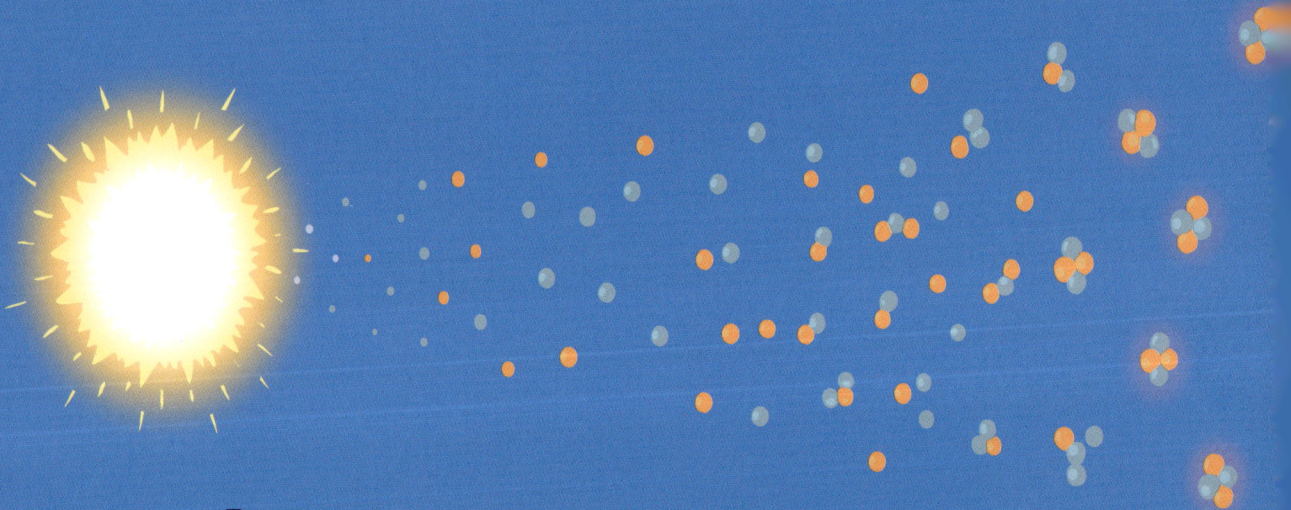

Petit à petit (très très lentement !), ces billes de matière se seraient assemblées les unes aux autres et auraient formé tout ce qui constitue notre Univers : les étoiles, les planètes, les galaxies.

Cela a pris des milliards d'années pour que l'Univers soit tel que nous le connaissons aujourd'hui.

On pense que notre Univers a une histoire : il serait né il y a 14 milliards d'années et ne cesserait de grandir depuis…

Le big bang n'est qu'une **théorie**, c'est-à-dire une explication donnée par les scientifiques, mais nous ne sommes pas sûrs que cela se soit passé de cette façon, puisque personne n'était là pour voir !

Pour le moment, c'est la meilleure explication qu'on ait trouvée sur l'origine de notre Univers.

Depuis sa naissance, notre Univers grandit : on dit qu'il est en **expansion**, un peu comme un ballon que l'on gonfle.

UNE PLUIE D'ÉTOILES

Vues depuis la Terre, les étoiles semblent être de tout petits points lumineux identiques. En réalité, ce sont des boules de gaz gigantesques qui ne se ressemblent pas du tout !

La taille des étoiles

Notre Soleil nous paraît gros, car il est proche de nous.

Les autres étoiles sont pour la plupart beaucoup plus grandes que lui...

... mais elles sont beaucoup plus loin !

Notre Soleil est une étoile de taille moyenne.

Arcturus, par exemple, est 20 fois plus grosse...

... et **Bételgeuse** 600 fois plus grosse que lui !

La couleur des étoiles

On ne s'en rend pas compte, mais les étoiles n'ont pas toutes la même couleur !

Il y a des étoiles rouges, orangées, jaunes, blanches, ou encore bleues.

La couleur d'une étoile dépend de sa **température**.

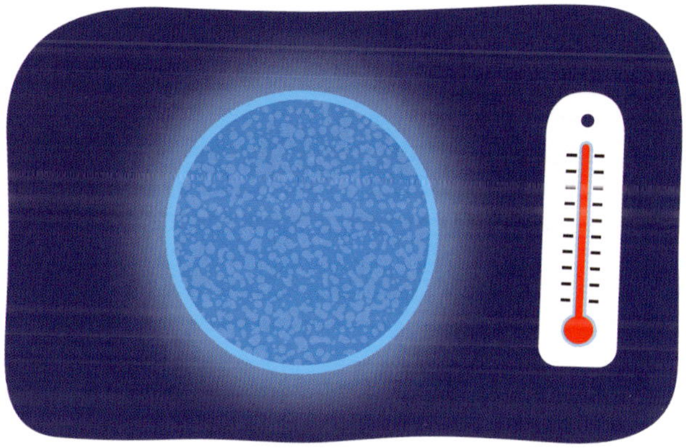

Les étoiles bleues sont les plus chaudes.

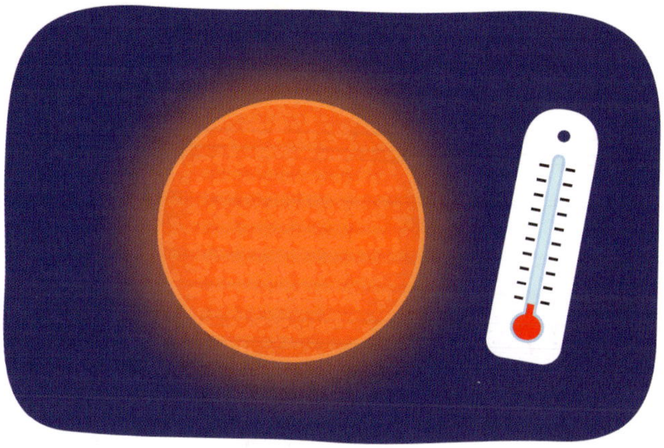

Les étoiles rouges sont les moins chaudes.

Entre les deux, il y a les étoiles jaunes, comme notre Soleil.

UNE VIE D'ÉTOILE

Les étoiles naissent, grandissent, vivent très longtemps puis meurent, un peu comme nous !

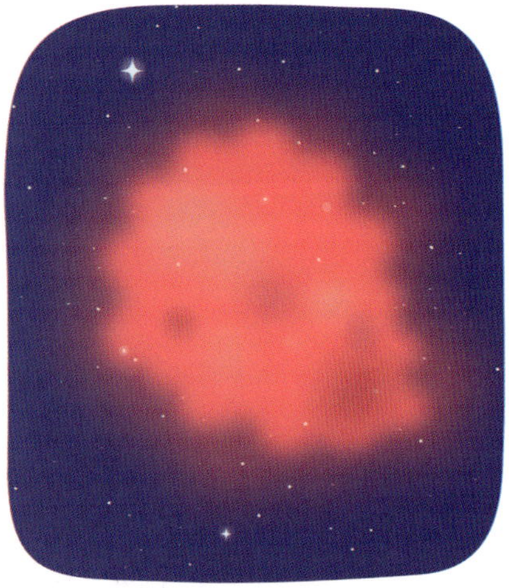

Les étoiles naissent dans des **nébuleuses**, d'immenses nuages faits de gaz et de poussières.

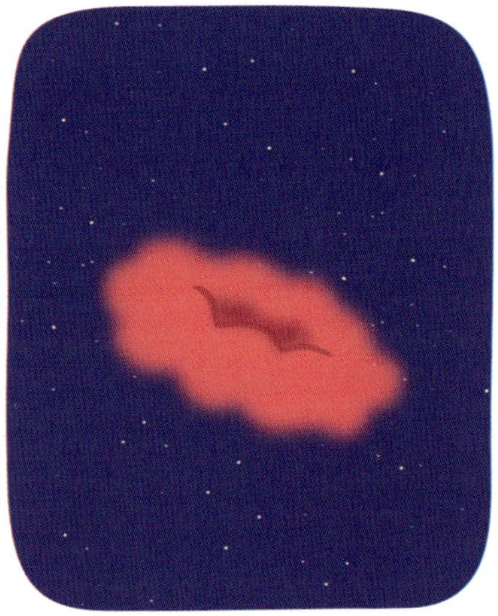

Un beau jour, ce nuage se contracte et se replie sur lui-même.

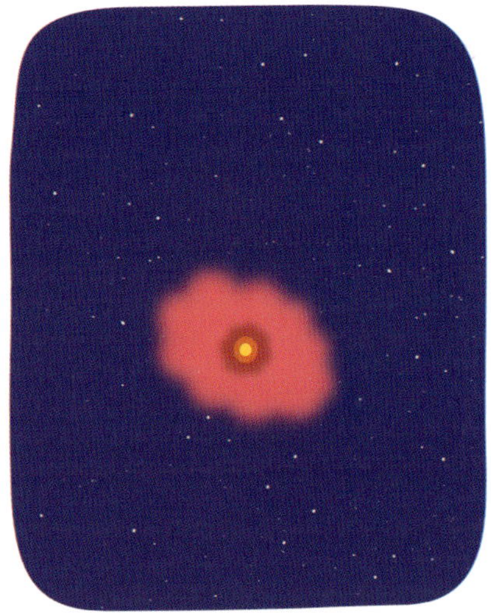

Le centre de ce nuage devient de plus en plus chaud.

Quand la température dépasse 10 millions de degrés...

... cette boule se met à **briller** : une étoile est née !

La naissance d'une étoile dure des millions d'années !

LA VIE D'UNE ÉTOILE

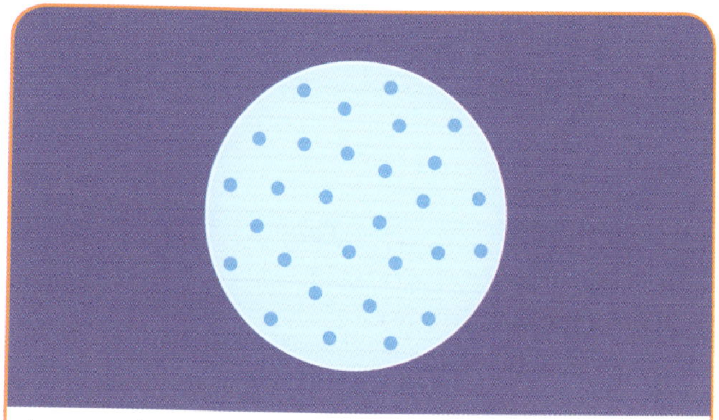

Les étoiles sont composées d'un gaz : l'**hydrogène.**

C'est grâce à lui qu'elles peuvent vivre.

Au début de sa vie, une étoile contient beaucoup d'hydrogène.

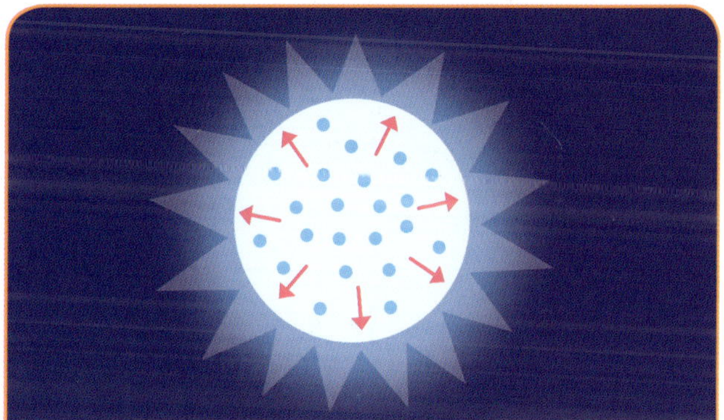

Petit à petit, l'étoile va utiliser cet hydrogène pour briller.

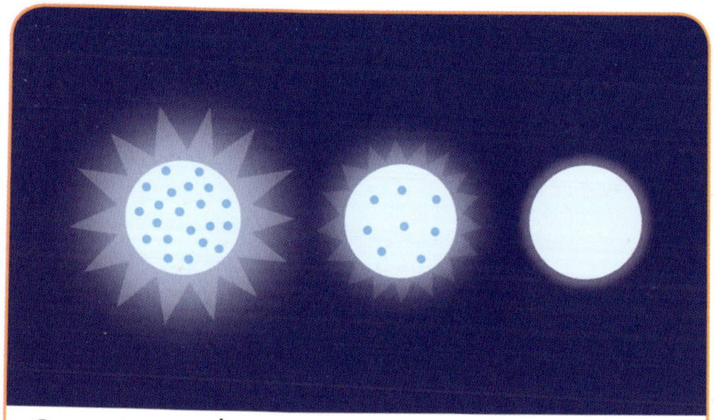

Quand elle n'a plus de réserve d'hydrogène, l'étoile meurt !

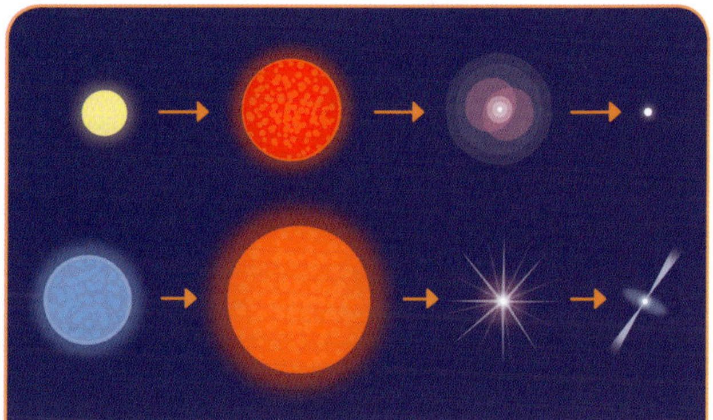

Selon leur taille, les étoiles meurent de façon différente.

LES CONSTELLATIONS

Pour se repérer dans le ciel, les hommes ont imaginé des lignes reliant les étoiles : ces « dessins » inventés s'appellent des constellations.

Bien sûr, rien ne relie les étoiles d'une même constellation.

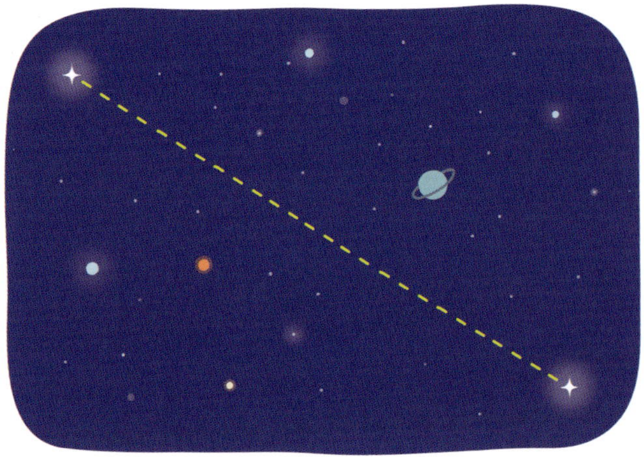

D'ailleurs, elles sont souvent très éloignées les unes des autres !

On connaît 88 constellations : certaines ont un nom d'animal, d'autres de dieu mythologique.

On ne voit pas les mêmes selon l'endroit où l'on se trouve sur Terre.

Voici quelques exemples de constellations...

LA VOIE LACTÉE, NOTRE GALAXIE

La Voie lactée est notre galaxie.

On l'a ainsi nommée car, vue depuis la Terre, elle a la forme d'une grande trace blanche.

Notre Soleil est une des milliards d'étoiles de la Voie lactée.

Sur l'un des bras de la Voie lactée se trouve le système solaire (et donc la Terre !).

Ce bras s'appelle le **bras d'Orion.**

Le système solaire et toutes les étoiles que nous voyons depuis la Terre font partie d'une très grande famille : la Voie lactée.

Notre galaxie a la forme d'une **spirale**.

Une galaxie est un immense groupe d'étoiles.

Le système solaire met 240 millions d'années à faire le tour de la Voie lactée !

On ne s'en rend pas compte bien sûr, mais toutes les étoiles de la Voie lactée tournent autour du centre de notre galaxie.

VERS L'UNIVERS INFINI

Notre Voie lactée n'est qu'une galaxie parmi les milliards de galaxies que contient notre Univers !

On distingue trois grandes formes de galaxies

Entre les galaxies, il n'y a que du **vide intergalactique** : pas d'étoiles, pas de planètes, peut-être juste du gaz !

Voici **Andromède**, la galaxie la plus proche de nous. Elle ressemble beaucoup à la Voie lactée.

Il peut arriver que des galaxies entrent en **collision** ! C'est sans doute ce qui arrivera entre notre Voie lactée et Andromède. Cette collision formera une seule galaxie géante, mais cela prendra des centaines de millions d'années !

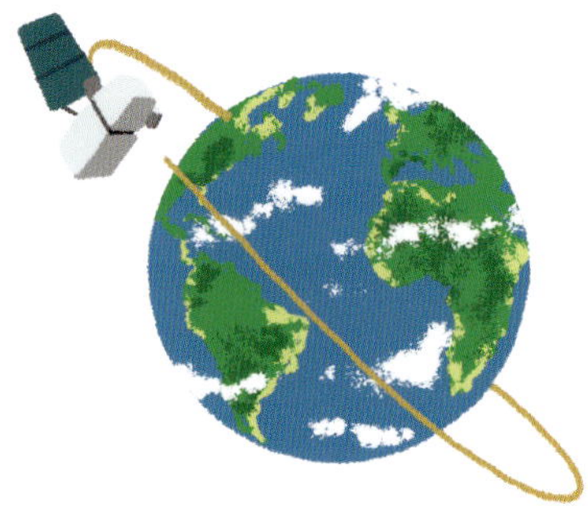

OBSERVER L'ESPACE

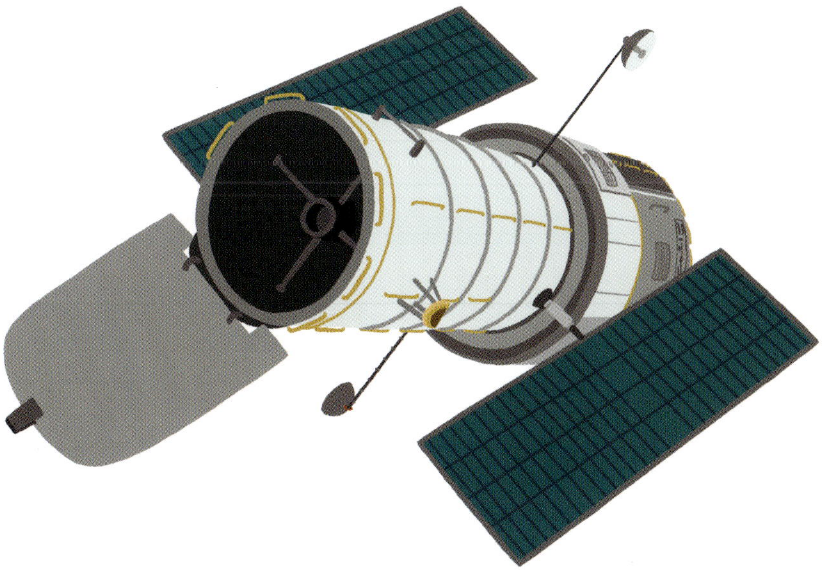

PETITE HISTOIRE DE L'ASTRONOMIE

L'astronomie est la science qui étudie les objets de l'espace : galaxies, étoiles, planètes. Depuis toujours, les hommes ont cherché à comprendre les mystères du ciel.

L'astronomie est la plus ancienne des sciences. Dès la préhistoire, les humains s'intéressent au ciel.

En Mésopotamie, les premiers astronomes créent les constellations et observent la planète Vénus.

Dans l'Égypte ancienne, on tient compte de la position des astres pour les récoltes.

Dans cet observatoire, les Mayas étudient les étoiles et les planètes.

Pendant des siècles, on a cru que la Terre était plate et placée au centre de l'Univers.

LES GRANDS ASTRONOMES

L'astronome grec **Ptolémée** sait que la Terre est ronde mais pense qu'elle se trouve au centre du système solaire.

Nicolas Copernic, un astronome polonais, affirme le premier que les planètes, dont la Terre, tournent autour du Soleil.

Tycho Brahe est le champion des observations et construit des instruments d'une grande précision.

Galilée démontre que la Terre tourne autour du Soleil et invente, en 1609, la lunette astronomique.

Grâce à ses calculs, **Kepler** comprend le mouvement des planètes et leur orbite autour du Soleil.

Isaac Newton, l'inventeur du premier télescope, est célèbre pour sa théorie de la gravitation universelle.

D'HIER À AUJOURD'HUI...

Pendant très longtemps, les humains ont observé le ciel à l'œil nu. Et puis ils ont fabriqué des outils qui se sont, au fil du temps, perfectionnés.

C'est **Galilée** qui a inventé l'une des premières **lunettes astronomiques**, en 1609.

Grâce à elle, il observe les cratères et les montagnes de la Lune.

Petit à petit, les lunettes ont pris de plus en plus d'ampleur.

Et puis elles ont été remplacées par des **télescopes** : les lunettes fonctionnent avec des lentilles (comme des verres de lunettes de vue), alors que les télescopes fonctionnent avec des miroirs, ce qui permet de voir beaucoup mieux.

Aujourd'hui, les astronomes travaillent dans de très grands observatoires, grâce auxquels ils peuvent voir plus loin et mieux l'Univers. En voici un…

Le Very Large Telescope se situe dans le désert d'Atacama, au Chili, à 2 635 m d'altitude.

Il est composé de quatre grands télescopes et de quatre plus petits télescopes.

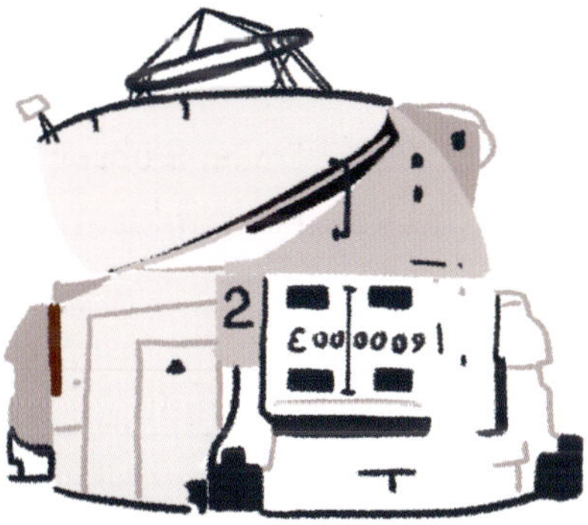

Le ciel sans pollution lumineuse permet de belles observations.

À la nuit tombée, les coupoles s'ouvrent sur le ciel.

Les télescopes peuvent être utilisés seuls ou tous ensemble.

Les astronomes commandent les observations avec de puissants ordinateurs.

UN SUPER TÉLESCOPE

Les télescopes ne se trouvent pas que sur Terre ! En 1990, le télescope Hubble est envoyé dans l'espace…

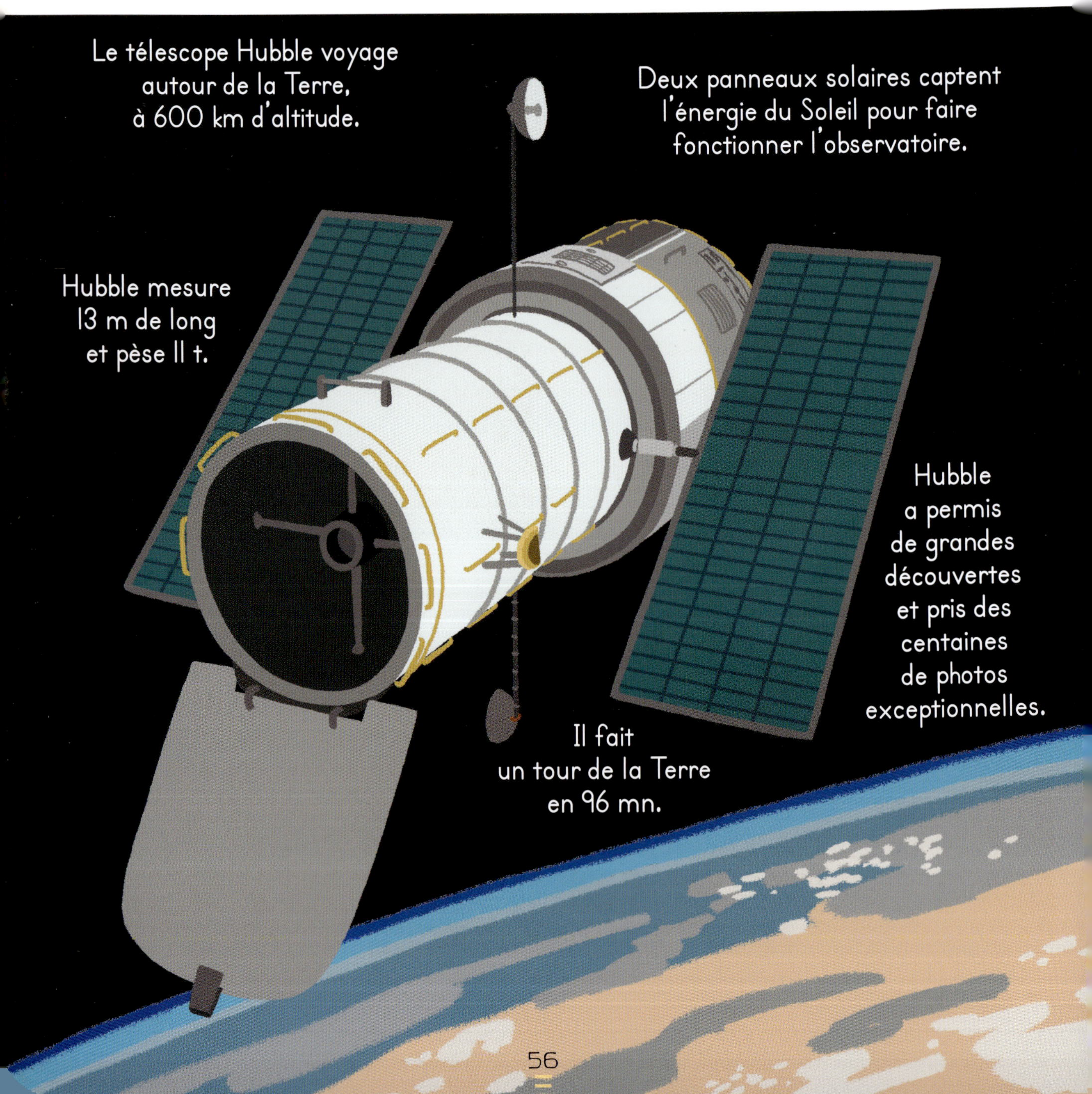

LA MISE EN SERVICE DE HUBBLE

Le 24 avril 1990, la navette spatiale américaine Discovery décolle pour mettre en orbite le télescope Hubble.

Hubble a été nommé en l'honneur de **Edwin Hubble**, un astronome américain qui a fait de grandes découvertes sur l'Univers.

Les premières photos sont floues ! En 1993, des astronautes partent en mission pour réparer le télescope.

En tout, cinq missions de maintenance ont permis à Hubble de fonctionner et d'être performant.

Astéroïdes, nébuleuses, comètes..., Hubble a réalisé de magnifiques photos de l'Univers !

Quand Hubble ne fonctionnera plus, on le fera se désintégrer dans l'atmosphère.

DES ROBOTS DANS L'ESPACE

Les hommes ont aussi eu l'idée d'envoyer des engins spatiaux à travers le système solaire, pour aller observer les planètes au plus près : on les appelle des sondes.

Une **sonde spatiale** est propulsée dans l'espace par un lanceur.

Chaque sonde a sa mission : survol d'une planète, dépose d'un **rover**...

Les sondes sont équipées de caméras et de capteurs.

Les données recueillies sont envoyées par ondes radio.

Les sondes ne reviennent jamais sur Terre.

VOICI QUELQUES EXEMPLES DE SONDES...

Pendant 8 ans, la sonde Galileo a étudié Jupiter, en faisant le tour de la planète.

La sonde Cassini-Huygens, l'une des plus grosses jamais construites, a exploré Saturne.

Parties il y a 40 ans de la Terre, les sondes Voyager 1 et 2 ont exploré les planètes géantes et atteint l'espace très lointain.

En 2015, après un incroyable périple, la sonde New Horizons arrive à la rencontre de Pluton et de son satellite Charon.

Sojourner, le premier rover déposé sur Mars en 1997, prend des centaines de photos pendant 83 jours.

Après 15 ans de mission du rover Opportunity, Curiosity poursuit l'exploration de la planète Mars.

DES MILLIERS DE SATELLITES

La Lune est le satellite naturel de la Terre. Mais autour de la Terre gravitent aussi d'autres types de satellites, envoyés par les hommes : on les appelle les satellites artificiels.

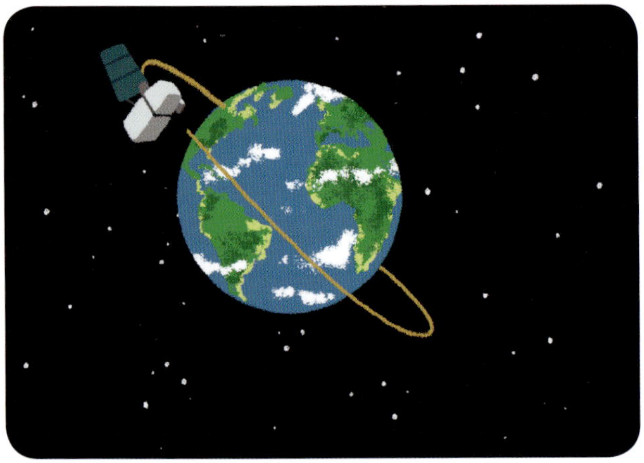

Ce sont des objets lancés dans l'espace par l'homme et qui tournent autour d'une planète.

Depuis 60 ans, des milliers de satellites artificiels ont été envoyés autour de la Terre.

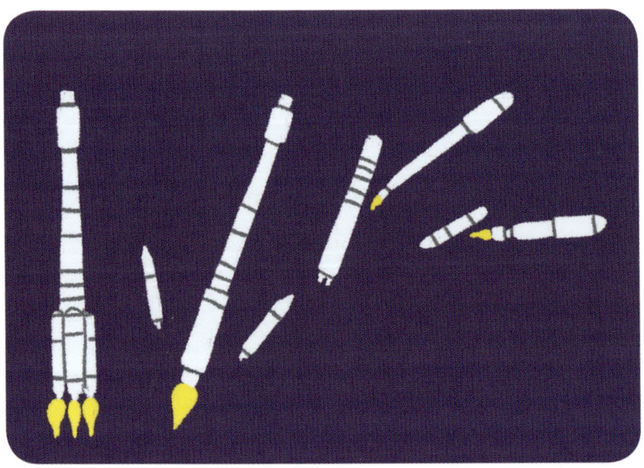

Les satellites sont emportés par une fusée qui va les placer en rotation autour de la Terre.

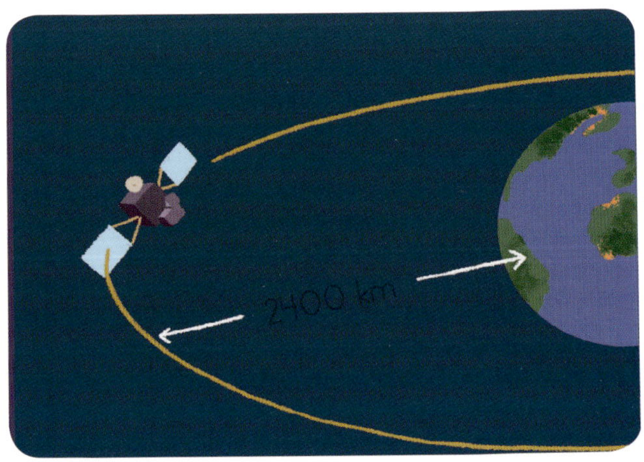

Ils tournent autour de la Terre entre 200 et plus de 30 000 km d'altitude.

Il existe toutes sortes de satellites...

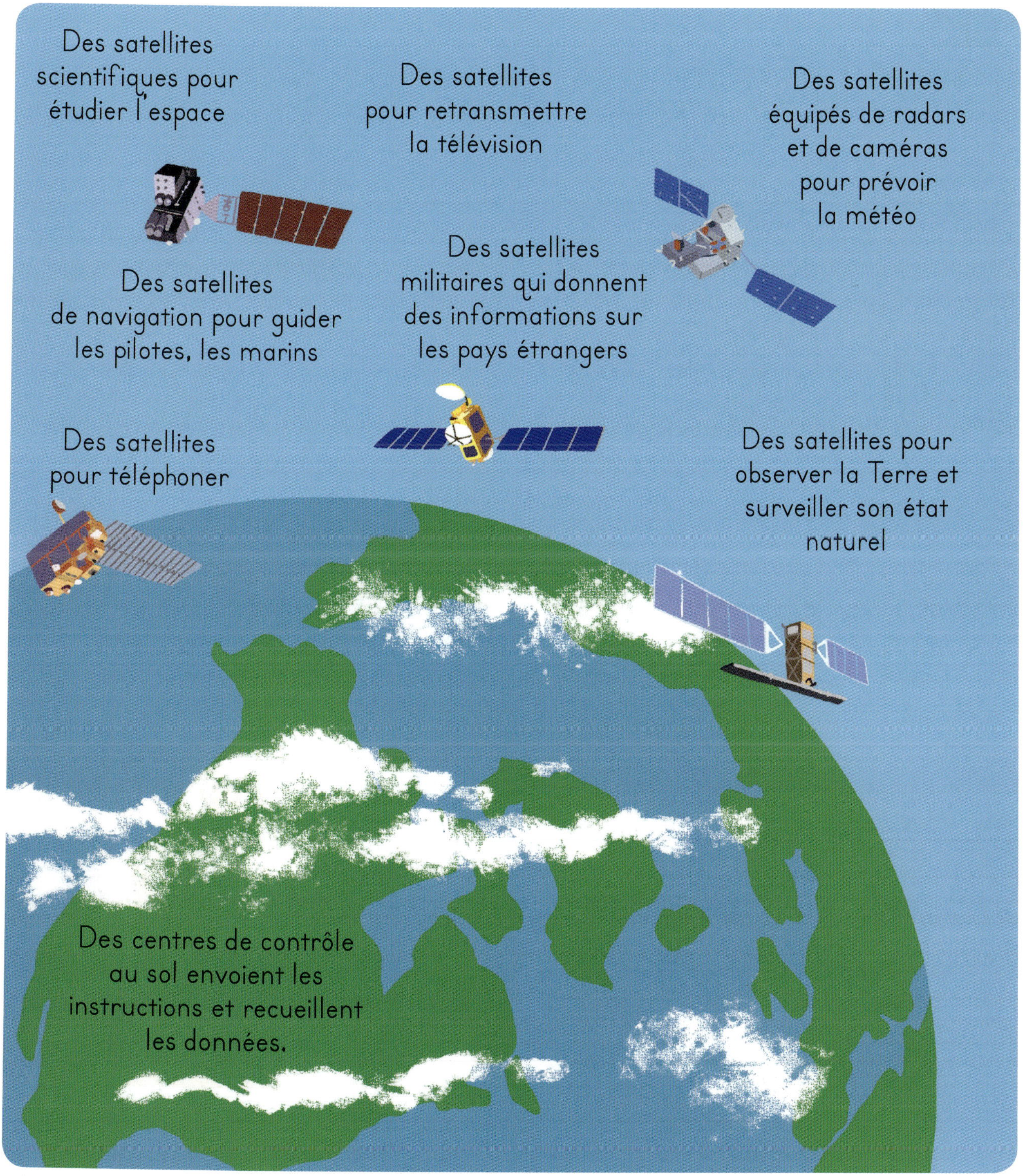

LES EXOPLANÈTES

Ce sont des planètes situées en dehors de notre système solaire, qui tournent autour d'une autre étoile que notre Soleil.

La découverte des exoplanètes

Très éloignées de nous, elles n'ont été découvertes que récemment.

Le radiotélescope d'Arecibo détecte les premières exoplanètes en 1990.

En 1995, c'est la découverte de 51 Pegasi b, une exoplanète comparable à Jupiter.

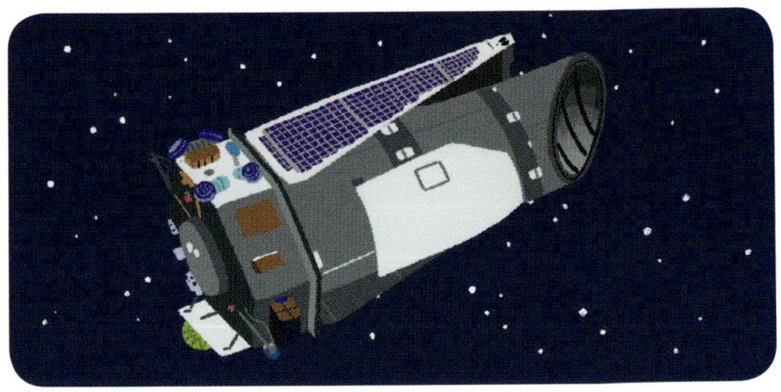

Le chasseur d'exoplanètes Kepler en a découvert plusieurs milliers depuis 2009.

Aujourd'hui, plus de 4 000 exoplanètes ont été identifiées.

Proxima b est l'exoplanète la plus proche de nous. Elle tourne autour de l'étoile Proxima du Centaure.

Tout seuls dans l'Univers ?

Un temps, on a imaginé que des petits hommes verts, les **Martiens,** habitaient la planète Mars.

Certaines personnes racontent avoir vu des **ovnis,** des vaisseaux venus de l'espace, mais aucune preuve n'existe.

Une sonde a emporté dans l'espace un disque avec des sons et des images pour d'éventuels extraterrestres.

Des radiotélescopes tentent de capter des signaux radio extraterrestres... sans succès jusqu'à présent.

Aujourd'hui, la chasse aux exoplanètes se poursuit...

... de même que la recherche d'eau et de traces de vie.

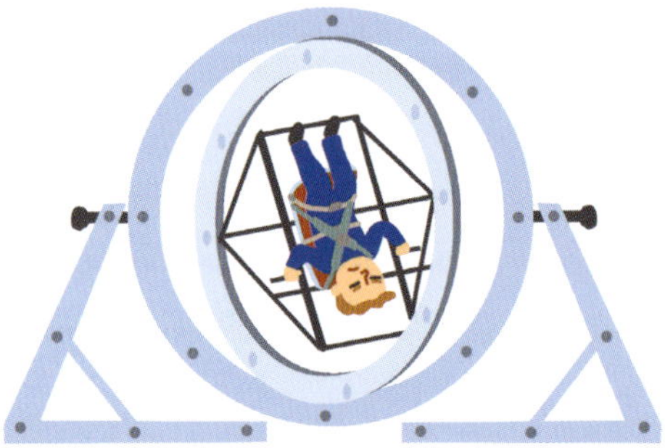

CCCP
CCCP

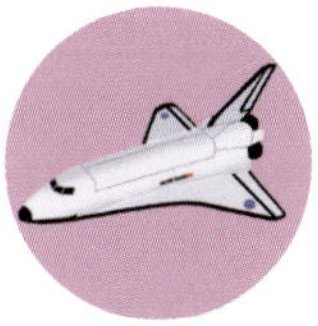

À LA CONQUÊTE DE L'ESPACE

DES HOMMES DANS L'ESPACE

Russes et Américains ont mené une course effrénée pour être les premiers à aller dans l'espace.

Avant de s'aventurer eux-mêmes dans l'espace, les hommes ont envoyé des satellites et des animaux...

En 1957, la Russie envoie le tout premier satellite : **Spoutnik 1**, une boule métallique de 58 cm de diamètre.

Bip bip ! Les radios du monde entier captent le signal du satellite qui fait 1 400 fois le tour de la Terre.

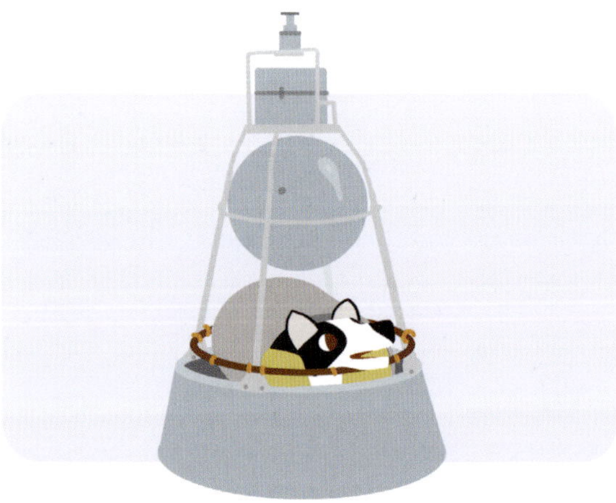

Les Russes envoient ensuite Spoutnik 2 avec à son bord une chienne, **Laïka**. Malheureusement, Laïka meurt pendant le voyage.

En 1961, les Américains envoient un chimpanzé, **Ham**, dans l'espace. Mission réussie ! La capsule amerrit sur l'océan avec l'animal en bonne santé.

Puis on a envoyé des hommes…

En 1961, la fusée Vostok I décolle avec le cosmonaute **Iouri Gagarine** à son bord.

Après une orbite de 108 mn, retour sur Terre ! Premier homme à voyager dans l'espace, Gagarine est un héros.

3 semaines après, **Alan Shepard** est le premier Américain à voler dans l'espace.

Contrairement à Gagarine, dont le vol était automatique, Shepard pilote son vaisseau.

En 1962, l'Américain **John Glenn** fait un vol de près de 5 h autour de la Terre.

Mission Vostok 6 : en 1963, **Valentina Terechkova** est la première femme dans l'espace.

Le 18 mars 1965, deux cosmonautes russes quittent la Terre dans le vaisseau Voskhod 2.

Dans l'espace, **Alexei Leonov** fait une sortie de 12 mn. Une première exceptionnelle !

PREMIERS PAS SUR LA LUNE

Le 16 juillet 1969, trois astronautes américains embarquent à bord de l'énorme fusée Saturn V. Objectif : la Lune !

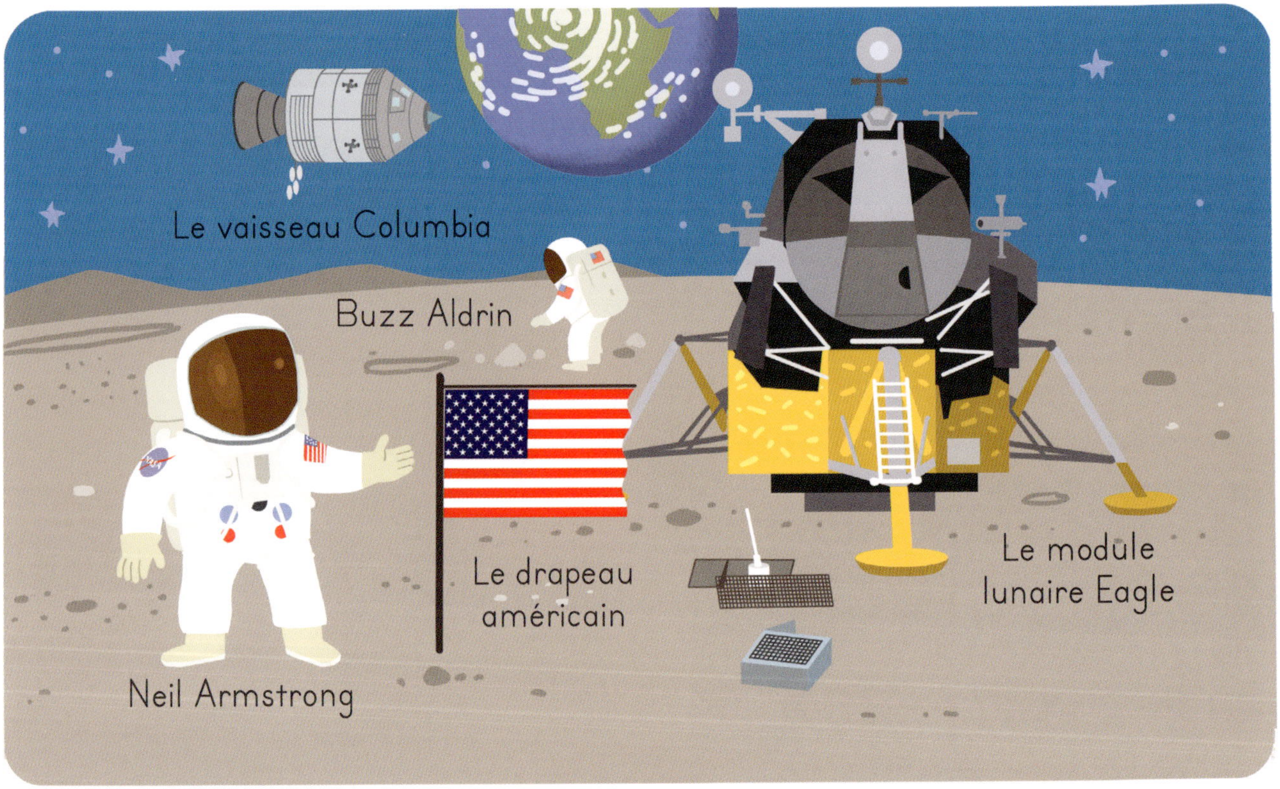

QUEL ÉQUIPAGE !

Trois astronautes embarquent à bord d'Apollo 11 : **Neil Armstrong**, commandant de la mission, **Buzz Aldrin** et **Michael Collins** (au milieu), pilote du module de commande.

Le 16 juillet 1969, **Saturn V** décolle de Cap Canaveral, en Floride.

Un million de personnes sont venues assister au décollage.

Après 3 jours de voyage, le **vaisseau Apollo** approche de la Lune.

Le 20 juillet, le **module lunaire Eagle** se pose sur la Lune avec à son bord Armstrong et Aldrin.

Armstrong pose le pied sur la Lune et déclare : **« C'est un petit pas pour l'homme, un bond de géant pour l'humanité. »**

Dans le monde entier, des millions de personnes retiennent leur souffle devant leur télévision.

Aldrin le rejoint. Ils prennent des photos, font des mesures et ramassent des roches.

Le 24 juillet, les trois astronautes amerrissent sur l'océan Pacifique.

EXPLORER LA LUNE

Après cette première aventure exceptionnelle, on a continué d'explorer la Lune avec des missions habitées mais aussi grâce à des sondes et des robots.

Les missions Apollo

Les astronautes prélèvent des **roches** et les stockent dans le module lunaire.

La **jeep lunaire** permet de partir en exploration.

Sur la Lune, on pèse six fois moins que sur Terre. Les astronautes se déplacent par petits bonds.

Les astronautes utilisent des instruments pour mesurer la distance Terre–Lune et enregistrer les tremblements de Lune.

Lors de la mission **Apollo 13**, un grave problème a empêché les astronautes de se poser sur la Lune.

En 1972, **Apollo 17** est la dernière mission habitée. En tout, douze hommes se sont posés sur la Lune.

Des sondes pour mieux connaître la Lune

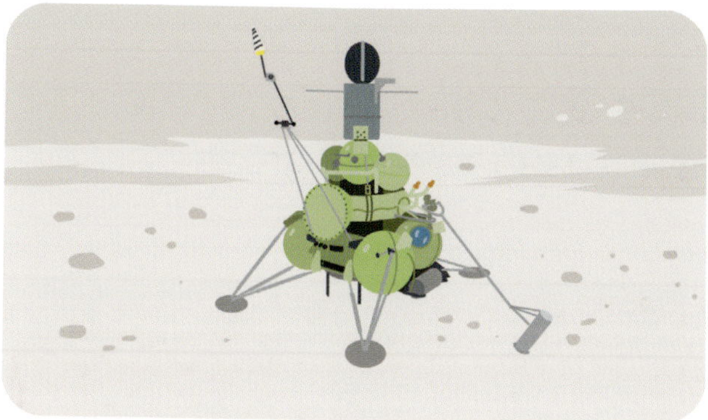

En 1970, la sonde Luna 16 est la première sonde russe à rapporter sur Terre des échantillons de sol lunaire.

En 2007, la mission japonaise Kaguya a fourni des images spectaculaires et des informations nouvelles.

On doit à la sonde indienne Chandrayaan I la découverte d'eau glacée dans les cratères de la Lune.

En 2013, presque 40 ans après la dernière mission russe Luna 24, la Chine pose le rover Yutu sur la face visible de la Lune...

Puis en 2019, ce même pays réussit un exploit technique en posant le rover Yutu 2 sur la face cachée de la Lune.

LA BASE DE LANCEMENT

Pour envoyer une fusée dans l'espace, il existe des bases spéciales. Elles sont situées au bord de la mer ou dans un désert, loin de toute habitation.

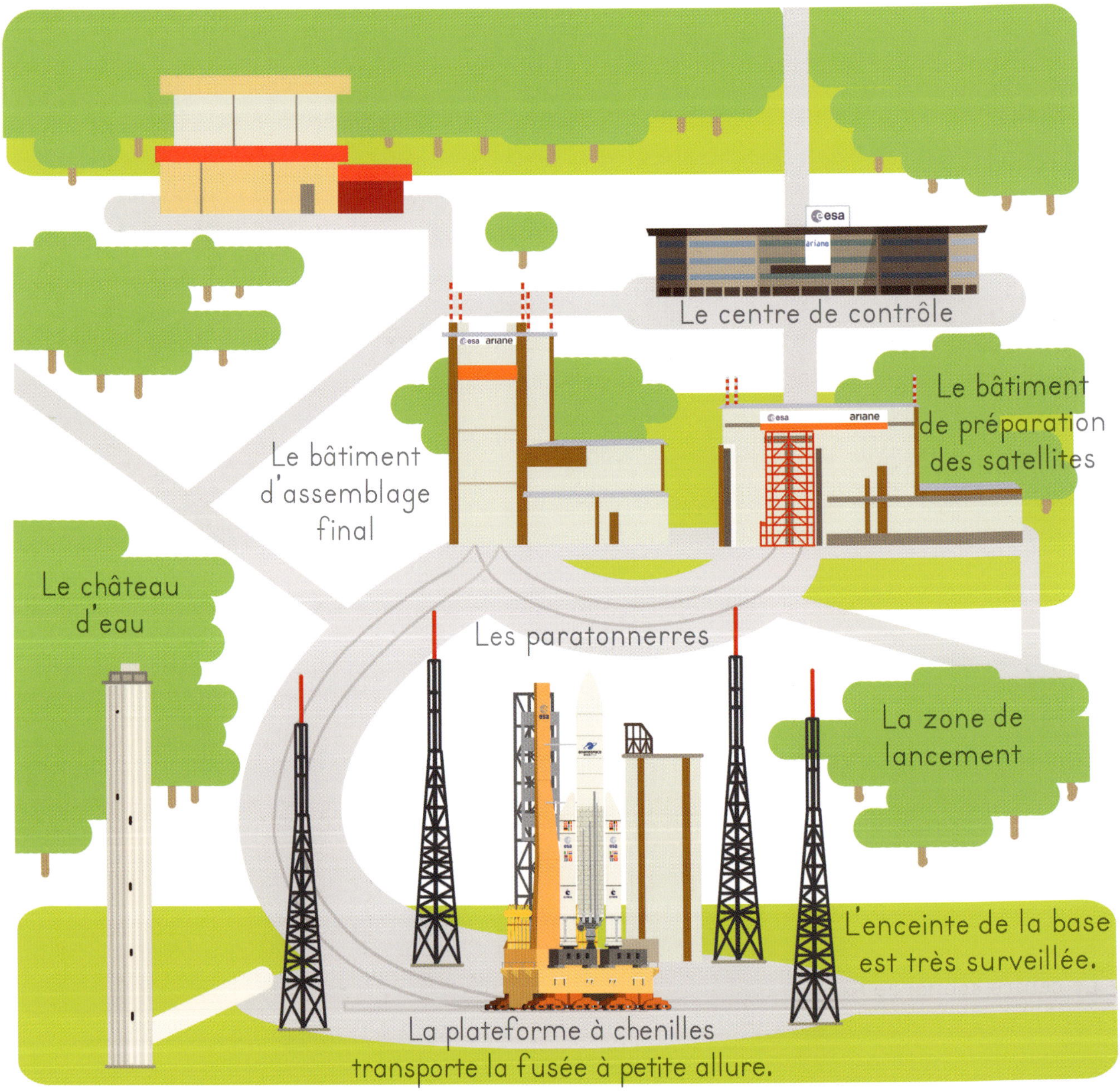

DES BASES CÉLÈBRES

Le cosmodrome russe de **Baïkonour** se trouve au milieu de la steppe où le ciel est souvent clair.

Iouri Gagarine a décollé de cette base. Aujourd'hui, les fusées **Soyouz** s'envolent vers la Station spatiale internationale.

Sur la côte Est de la Floride, **Cap Canaveral** est la principale base de lancement des fusées américaines.

Voici l'aire de lancement construite pour le programme Apollo. Le bâtiment d'assemblage est immense.

Le centre spatial de **Kourou** en Guyane est la base spatiale de l'Europe. Son emplacement près de l'océan est idéal.

Semblable à la tour de contrôle d'un aéroport, le centre de contrôle coordonne les opérations de lancement.

3, 2, 1... ATTENTION AU DÉCOLLAGE !

Avant le compte à rebours et le décollage, il faut des mois de travail pour préparer le lancement d'une sonde. Pas de pilote à bord, tout est contrôlé depuis la Terre !

Le lancement de la sonde Rosetta

5 semaines avant le décollage, on monte les étages de la fusée **Ariane 5.**

20 jours plus tard, la sonde Rosetta est chargée dans la **coiffe** de la fusée.

1 jour avant le décollage, la fusée est amenée sur des **rails** à la zone de lancement.

La fusée est connectée à la tour de lancement. Le **compte à rebours** est lancé, 9 h avant le décollage.

6 h avant le décollage : la salle de contrôle est verrouillée et le programme de vol chargé.

6 mn 30 s avant le décollage : compte à rebours final, les réservoirs sont remplis et le pas de tir arrosé.

Mise à feu... et décollage !

2 mars 2004, 8 h17, les moteurs s'allument et la fusée Ariane décolle avec à son bord la sonde Rosetta.

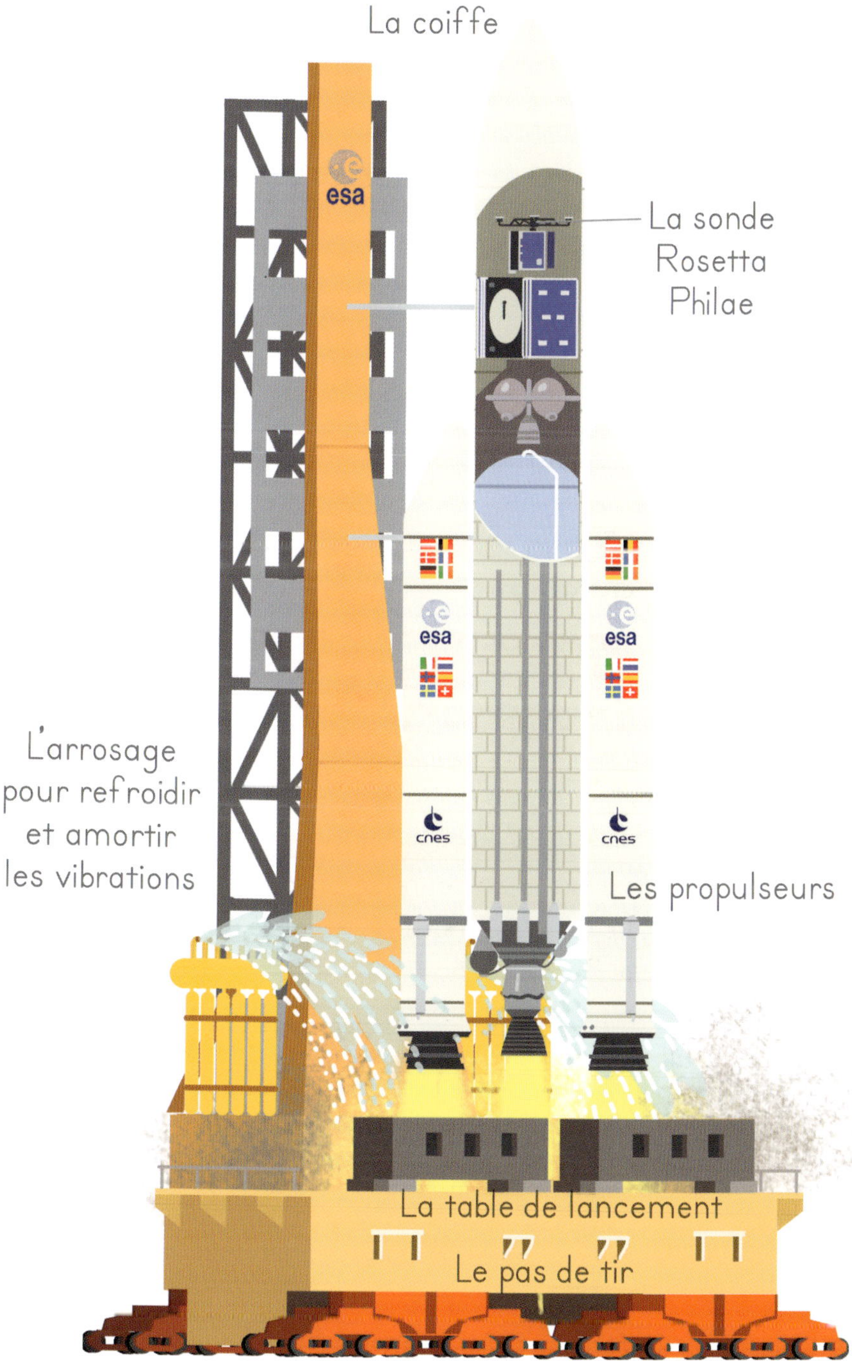

UN VOYAGE DE 12 ANS !

En 2014, Rosetta approche de la comète Tchouri, à 500 millions de kilomètres de la Terre !

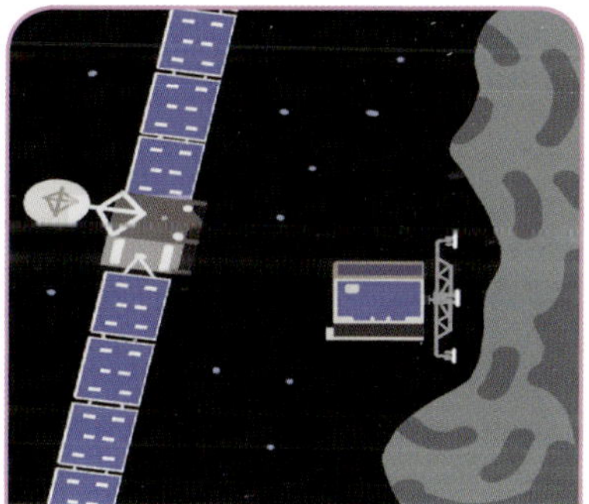

Elle y largue Philae, un petit robot qui va recueillir de précieuses données.

En 2016, Rosetta s'écrase sur Tchouri, mission terminée !

FUSÉE OU NAVETTE ?

La fusée ne sert qu'une seule fois : elle est envoyée dans l'espace pour emporter un satellite, une sonde ou des astronautes. On l'appelle aussi « lanceur ».

Le vol d'une fusée

2 mn après le décollage : les **propulseurs** d'appoint sont éjectés.

Ils tombent dans l'océan où ils pourront ensuite être récupérés.

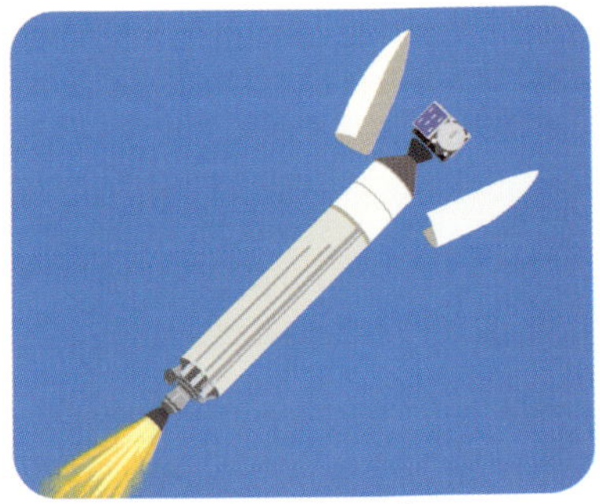

3 mn après le décollage : la coiffe est larguée.

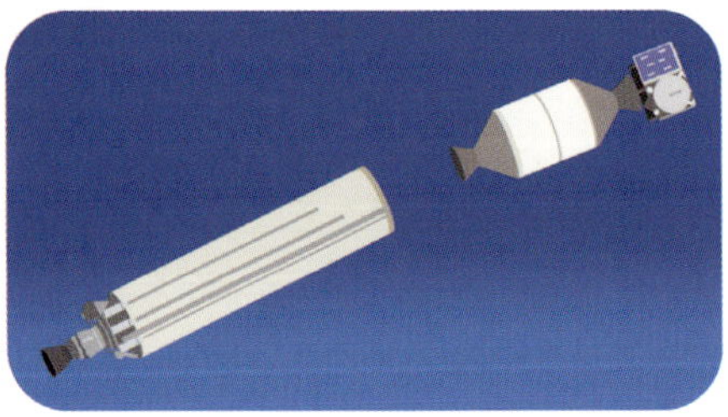

9 mn après le décollage : le moteur et l'étage principal se détachent.

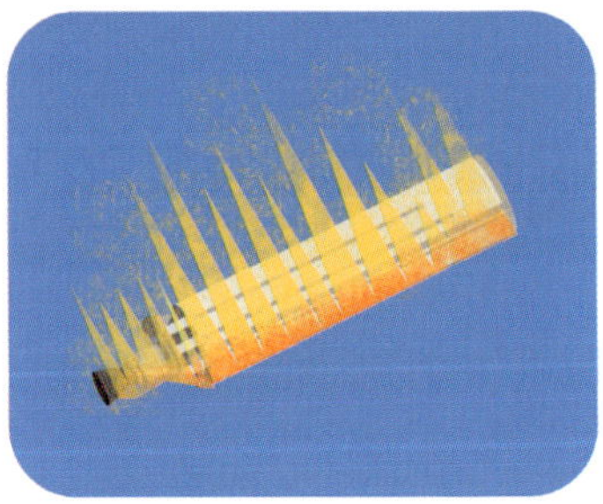

Ils **se désintègrent** dans l'atmosphère.

L'étage supérieur prend le relais avant de s'éteindre, 25 mn après le décollage.

28 mn après le décollage : le satellite se met **en orbite** autour de la Terre.

Il déploie ses panneaux solaires. Mission accomplie !

LE VOL D'UNE NAVETTE SPATIALE

Contrairement à la fusée, la navette spatiale **revient** sur Terre après son vol.

La navette décolle à la verticale comme une fusée.

2 mn après le décollage : les propulseurs d'appoint sont largués et récupérés dans l'océan.

8 mn après le décollage : l'énorme réservoir extérieur se détache et brûle dans l'atmosphère.

À 185 km d'altitude minimum : la navette qui transporte les astronautes et le matériel est en orbite autour de la Terre.

Le bras articulé de la navette dépose le satellite dans l'espace. La navette quitte l'orbite terrestre.

Elle entre dans l'atmosphère. Son bouclier thermique la protège de l'échauffement.

La navette atterrit presque **comme un avion** sur une très longue piste.

DES FUSÉES PERFORMANTES

Pour réussir à quitter la Terre, il a fallu imaginer des machines très puissantes. Des premières fusées aux lanceurs d'aujourd'hui, ces engins ont beaucoup évolué.

Petite histoire des fusées

Il y a plus de mille ans, les Chinois inventent la poudre et la font exploser pour chasser les mauvais esprits.

Puis ils se servent des fusées à poudre au XIIe siècle pour faire peur aux chevaux de leurs ennemis.

Au début du XXe siècle, le Russe Constantin Tsiolkovski imagine le principe de la fusée à réaction.

En 1926, l'Américain Robert Goddard conçoit une fusée à propulsion liquide qui décolle à 13 m de haut.

Les missiles V2 allemands, utilisés pendant la Seconde Guerre mondiale, pouvaient atteindre 90 km de haut.

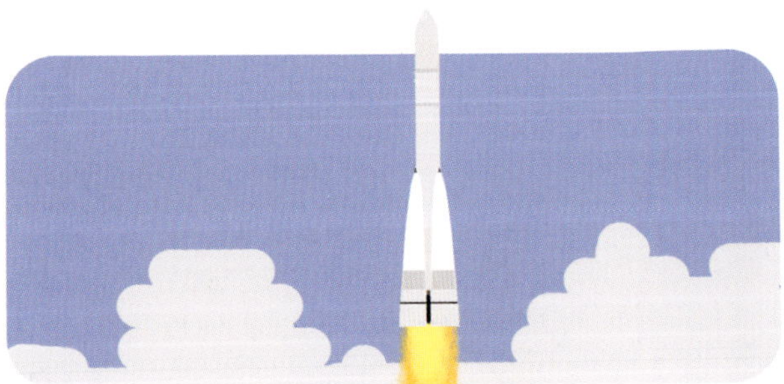

C'est en 1957 que décolle vers l'espace la première fusée spatiale, la R7-Semiorka russe.

Comment ça marche ?

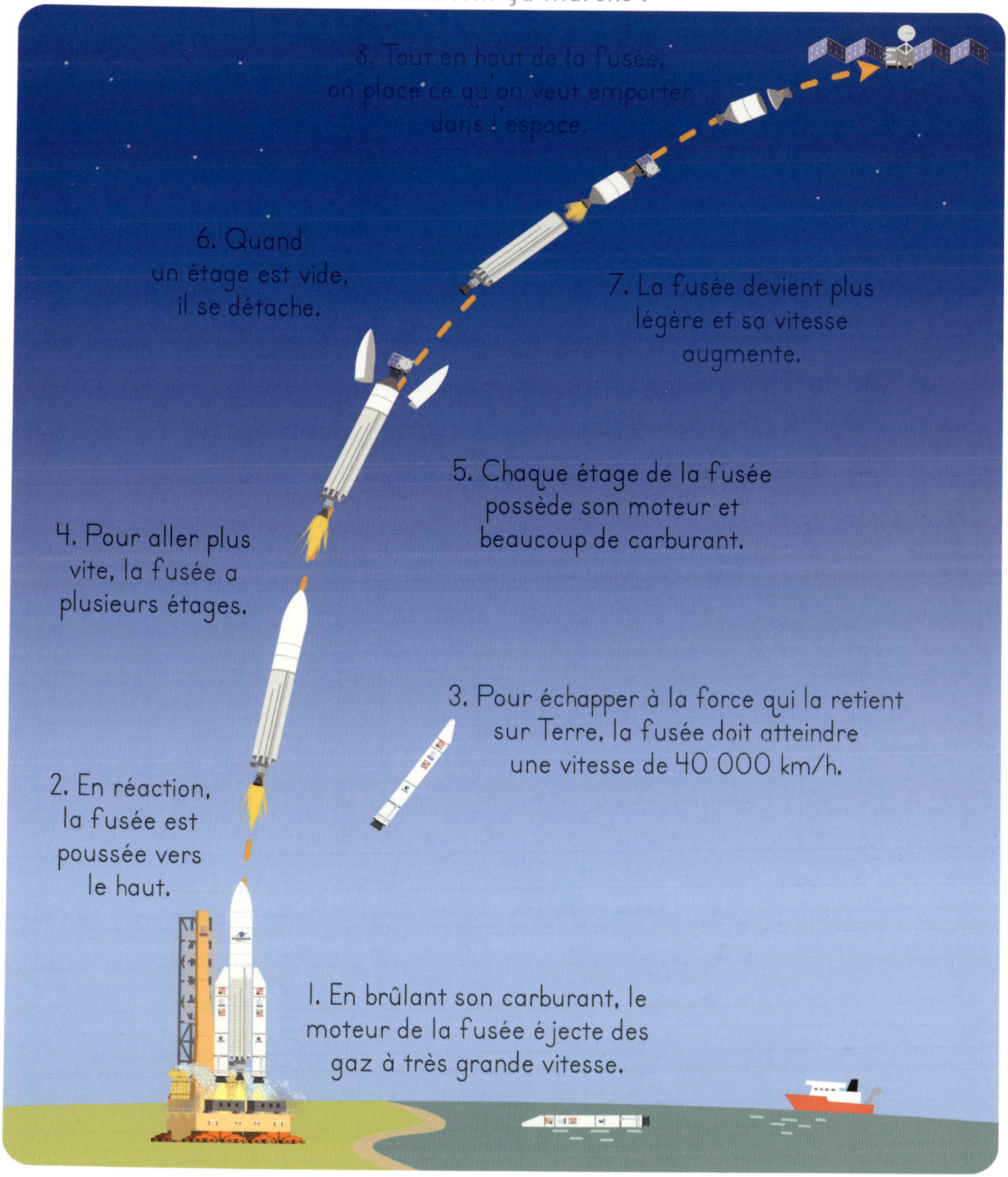

DES ASTRONAUTES BIEN ENTRAÎNÉS

Depuis 60 ans, seuls 545 astronautes ont voyagé dans l'espace, dont 60 femmes. Ils suivent une sélection difficile et un entraînement intensif avant de partir en mission.

Une rude sélection

L'âge idéal pour un **candidat-astronaute** se situe entre 27 et 37 ans.

Les futurs astronautes ont tous fait de longues études scientifiques. Savoir piloter est un atout.

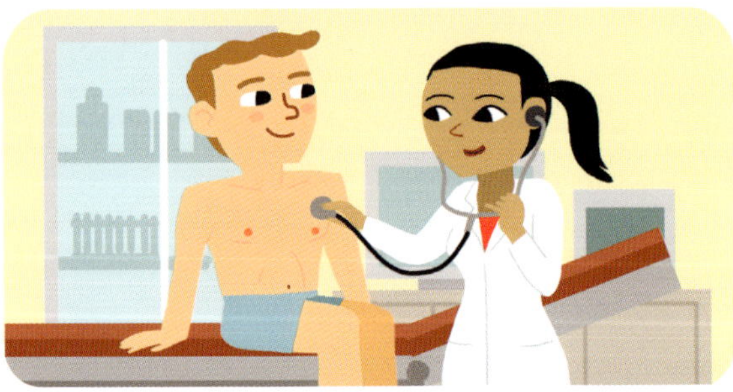

Ils doivent être en très bonne santé et passer un **examen médical** spécial avec succès.

Parler anglais est indispensable pour communiquer. Le russe est aussi très pratiqué dans l'espace.

Les candidats passent des **tests d'effort** très exigeants. Pour vivre dans l'espace, il faut être résistant.

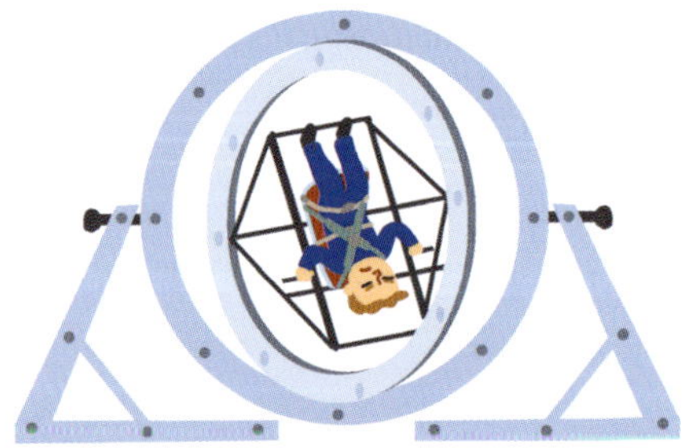

On vérifie avec des tests qu'ils savent raisonner, s'orienter dans l'espace et résister au stress.

UN ENTRAÎNEMENT DE LONGUE DURÉE

Retour à l'école ! Pour se préparer, les astronautes suivent des cours : russe, informatique, mécanique...

Le **bassin d'entraînement** permet de simuler une sortie dans l'espace et d'apprendre à maîtriser ses gestes.

En cas de besoin, les astronautes doivent être capables de pratiquer une intervention médicale.

Grâce au **vol parabolique**, ils ressentent les effets de l'impesanteur et flottent comme dans l'espace.

Pendant les **stages de survie**, ils apprennent à faire face à un atterrissage imprévu dans une zone isolée.

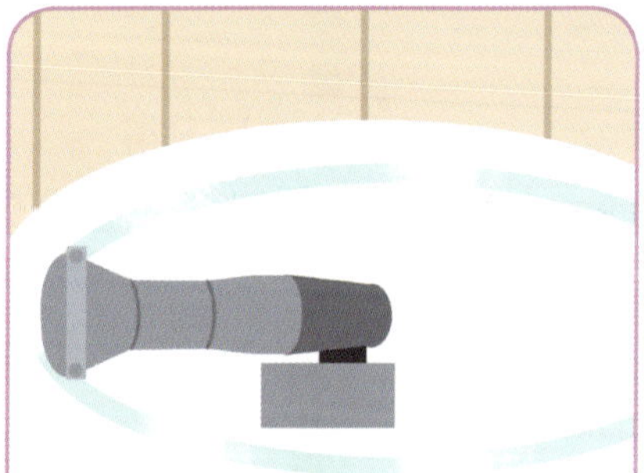

Dans la **centrifugeuse**, l'astronaute tourne à toute vitesse et se prépare aux accélérations de la fusée.

DES NOMS DIFFÉRENTS POUR UN MÊME MÉTIER...

Un **astronaute** américain

Un **cosmonaute** russe

Un **spationaute** européen

Un **taïkonaute** chinois

LA STATION SPATIALE INTERNATIONALE

Depuis 1998, de nombreux pays se sont unis pour construire la Station spatiale internationale.

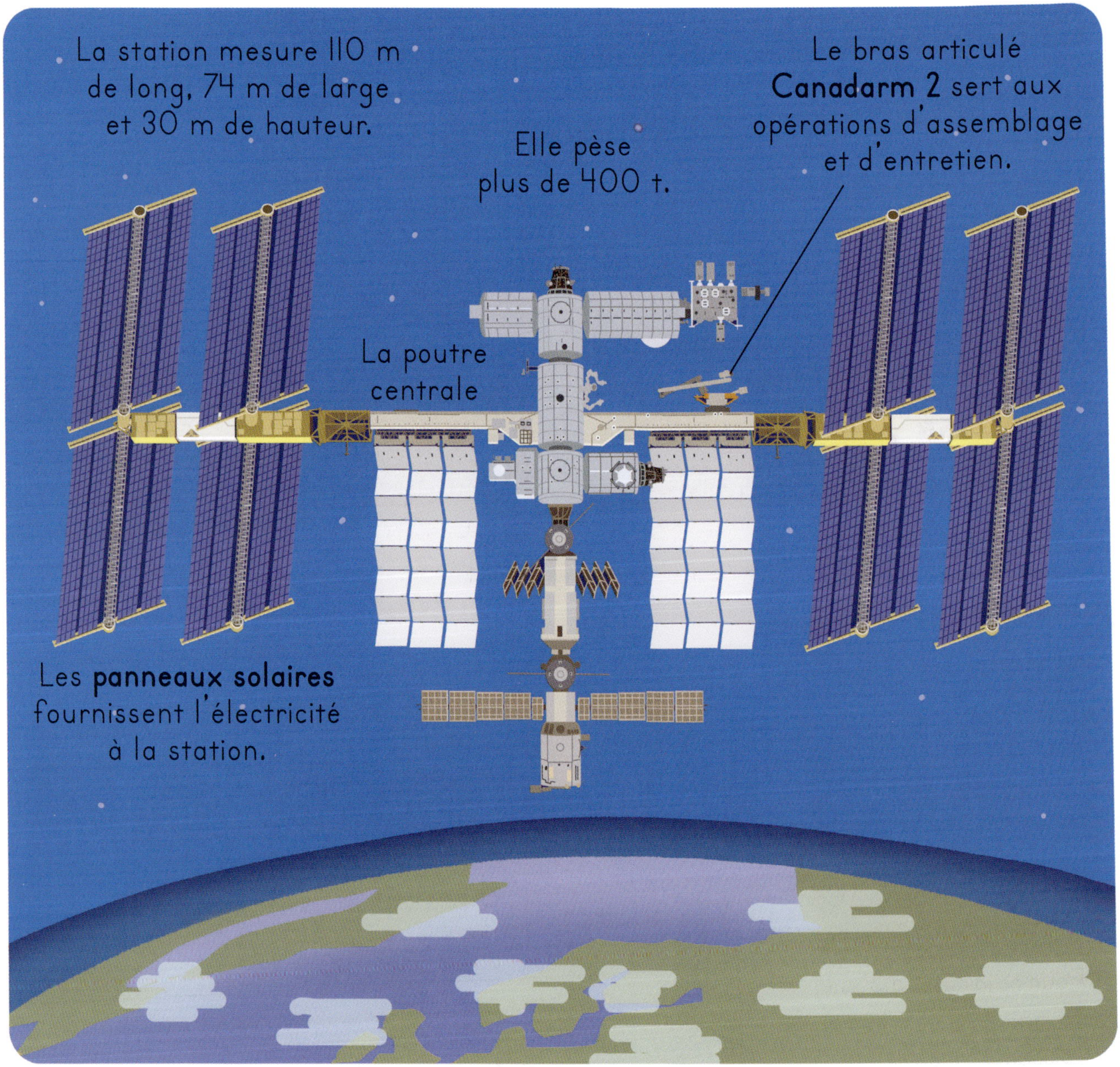

Pendant 15 ans, navettes et fusées ont transporté les morceaux de la station vers l'espace.

En orbite à 400 km d'altitude, la SSI fait seize fois le tour de la Terre chaque jour à la vitesse de 28 000 km/h.

La station peut accueillir six astronautes en même temps pour des missions de 6 mois.

Tous les 2 mois environ, un cargo vient ravitailler la station en nourriture, en eau et en matériel.

Pour rejoindre la SSI, le nouvel équipage voyage 2 jours à l'étroit dans le minuscule vaisseau Soyouz.

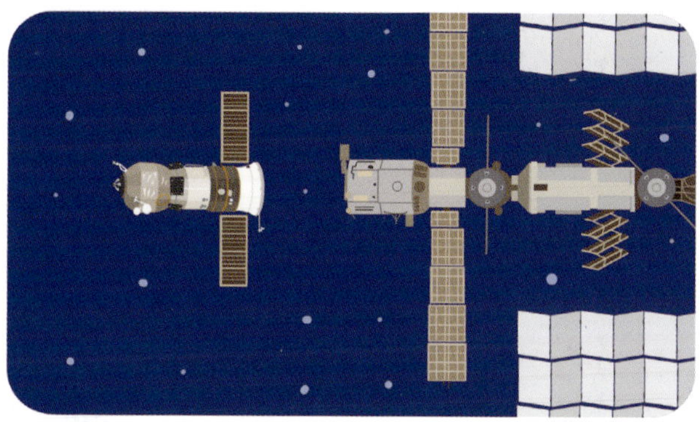

Après plus de 30 tours de la Terre, Soyouz se cale sur l'orbite de la SSI. Le voilà prêt pour l'**amarrage** !

LA VIE À BORD DE LA STATION

Dormir, boire, manger, travailler, faire du sport… La vie des astronautes ressemble un peu à la nôtre, mais cela ne se passe pas vraiment de la même façon !

6 h du matin, heure de Londres : debout tout le monde ! Dès le réveil, l'équipage inspecte la station.

On fait sa **toilette** avec des lingettes. Pour se raser, il faut tout aspirer pour ne pas faire de saletés.

Pas question de faire des miettes ! On mange le repas dans des **pochettes** et on boit avec une **paille.**

Séance de **sport** obligatoire ! Pour faire travailler leurs muscles, les astronautes courent tous les jours.

Voici les toilettes de la station ! L'urine est aspirée… et filtrée pour être **transformée** en eau potable.

Pour dormir, l'astronaute se glisse dans un **duvet** bien attaché au mur, au sol ou au plafond.

Tous les matins, l'équipage prépare la journée de travail lors d'une conférence avec la station de contrôle.

Les astronautes consacrent la moitié de leur temps à faire des **expériences** sur le corps humain...

... la culture de légumes dans l'espace, la qualité de l'eau... Ces expériences font progresser la science.

Ils passent du temps dans **Cupola**, un formidable observatoire de la Terre avec son hublot central et ses six fenêtres.

Entretenir, réparer, installer un nouvel équipement : les astronautes n'ont pas le temps de s'ennuyer !

Garder le contact, c'est important. Les astronautes **communiquent** toutes les semaines avec leurs familles.

UNE SORTIE DANS L'ESPACE

Régulièrement, les astronautes doivent sortir dans l'espace pour réparer et entretenir la station. Ils sont aidés par un bras articulé, le Canadarm 2.

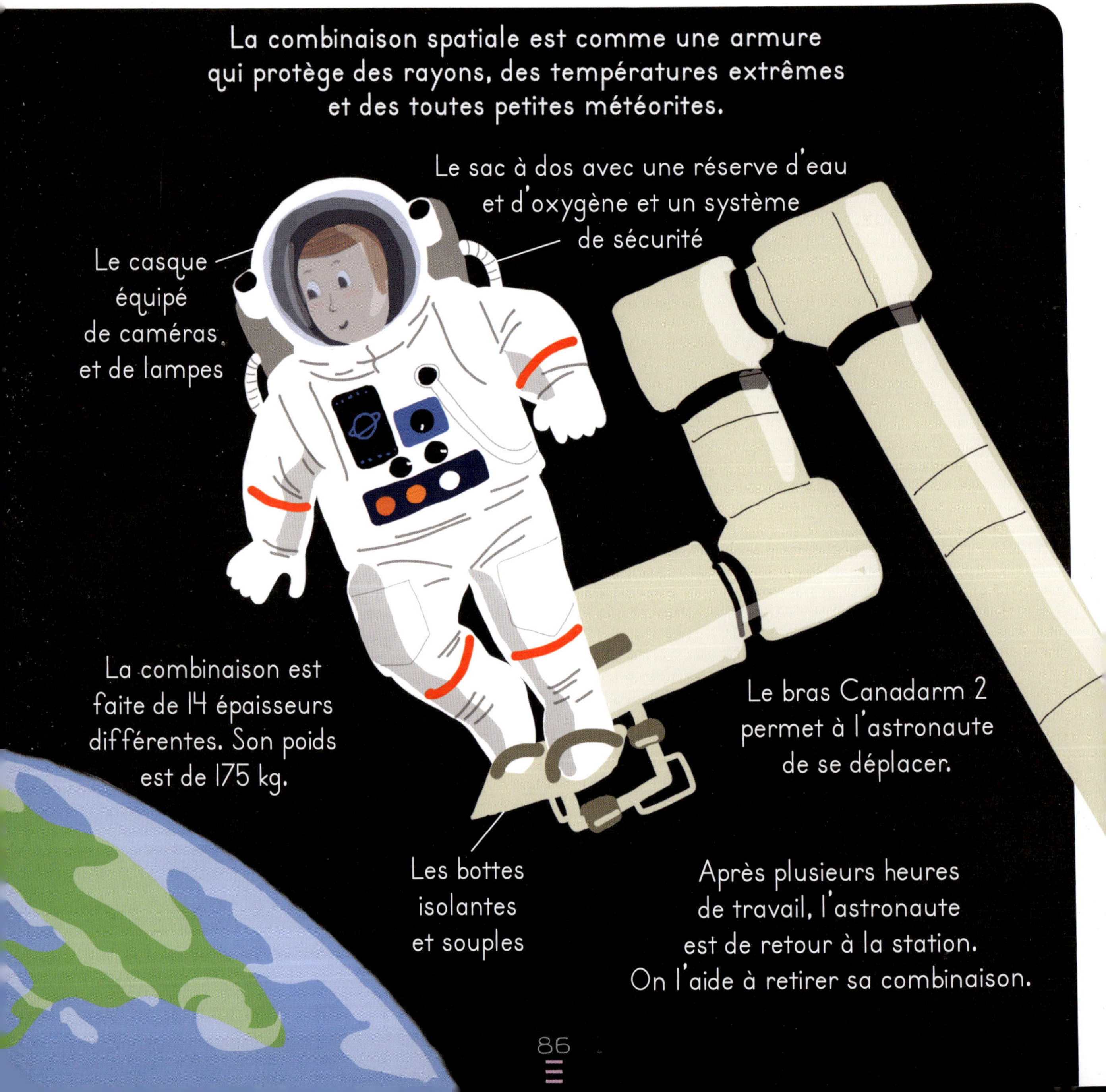

Fin de mission !

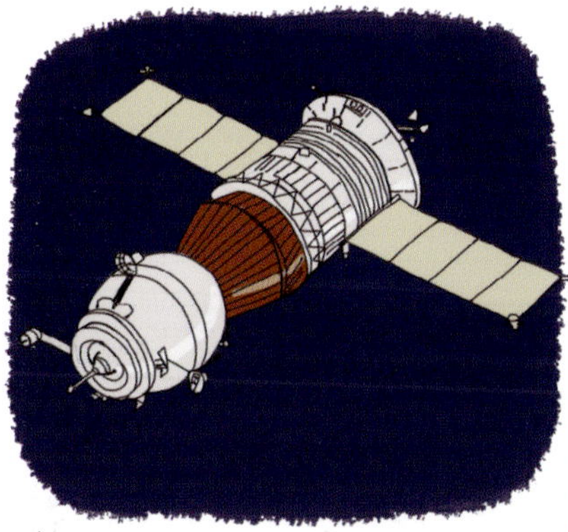

Les astronautes regagnent la Terre en 3 h 30 mn à bord du vaisseau Soyouz.

Protégée par un **bouclier thermique**, la capsule entre dans l'atmosphère.

À 8 km d'altitude, le **parachute** est déployé pour freiner la descente… Ça secoue à l'intérieur !

À l'approche du sol, les six rétrofusées sont déclenchées pour **atténuer** le choc de l'atterrissage.

L'équipe de sauveteurs se presse sur place pour aider les astronautes, qui vont devoir **se réhabituer** à la vie sur Terre !

LA MISSION PROXIMA AVEC THOMAS PESQUET

Après 3 ans de préparation, **Thomas Pesquet** a décollé en novembre 2016 pour rejoindre la SSI.

Pendant 6 mois, il a mené de nombreuses expériences scientifiques…

… fait de magnifiques photos de la Terre et partagé son expérience avec petits et grands !

LES MISSIONS DU FUTUR

Les hommes ont encore de grands projets : retourner sur la Lune et un jour, peut-être, prévoir une mission habitée sur Mars…

Retour sur la Lune

Les États-Unis et la Chine développent des vaisseaux pour un retour des hommes sur la Lune. L'objectif est d'installer une **base** où ils pourront vivre. Les futurs rovers feront des milliers de kilomètres.

Objectif Mars ?

Pour atteindre Mars, les astronautes devront faire un long voyage de **6 mois** à travers l'espace. Avant leur arrivée, un **habitat adapté** à la planète aura été installé par des missions robotisées.

En vacances dans l'espace

En 2001, Dennis Tito, un homme d'affaires américain, est le premier touriste de l'espace.

En 2006, c'est au tour de Anousheh Ansari, la seule femme touriste spatiale, de passer 10 jours dans la SSI.

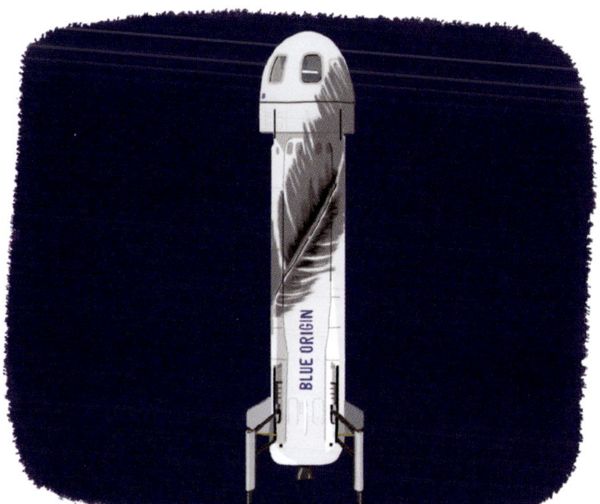

Bientôt, de riches touristes pourront faire un tour à 100 km d'altitude à bord de la fusée réutilisable New Shepard.

L'avion spatial SpaceShipTwo pourra emmener six touristes à 110 km d'altitude vivre quelques minutes en impesanteur.

LES ENGINS SPATIAUX DU FUTUR

Pour poursuivre la conquête spatiale et aller plus loin, les chercheurs imaginent des vaisseaux toujours plus performants.

Le **Dream Chaser**, un cargo spatial pour ravitailler la Station spatiale internationale

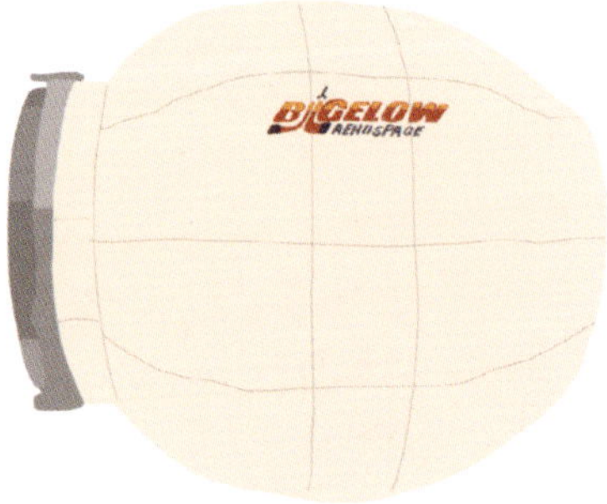

Le **module BEAM**, un habitat de l'espace gonflable, en test à la Station spatiale internationale

Le **Stratolaunch**, le plus grand avion du monde, une base de lancement en altitude

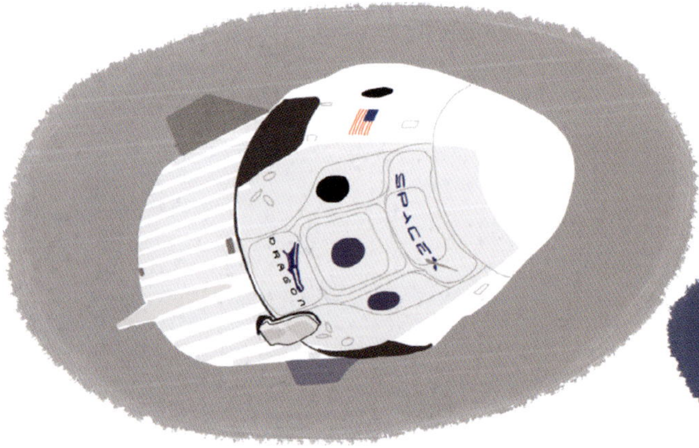

Le **SpaceX Crew Dragon** pour le transport d'équipage vers la Station spatiale internationale

Le **Skylon**, un immense avion-vaisseau de 84 m

Le **Space Launch System** est en cours de construction.

Sa hauteur : 121 m

Il sera la fusée la plus puissante de tous les temps.

Elle pourra transporter 130 t de charge.

Elle transportera le **vaisseau Orion** dans lequel voyageront les astronautes.

Les missions prévues : des vols habités vers des astéroïdes, vers la Lune et des **missions** pour la planète **Mars** vers 2035 !

INDEX

A

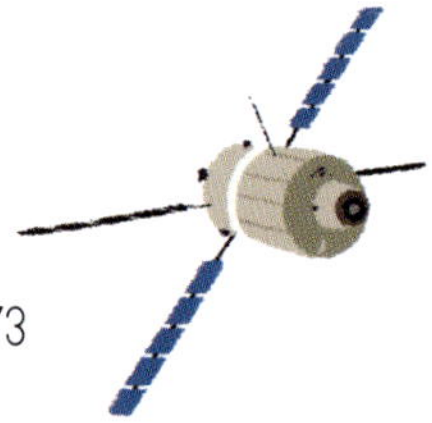

B

C

D

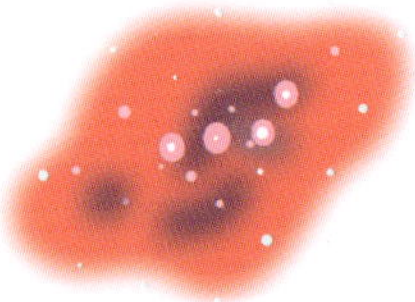

E

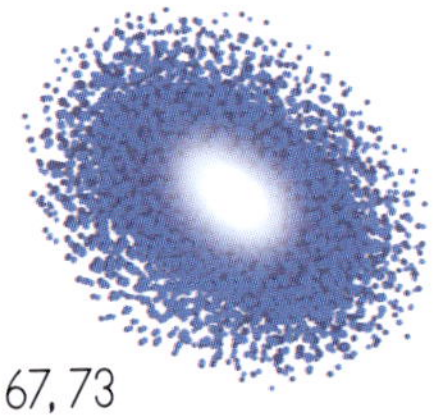

G

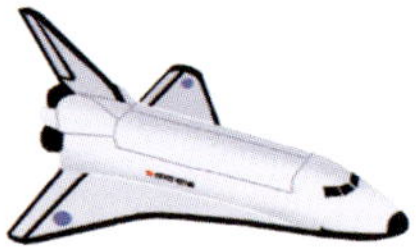

H

I

J

K

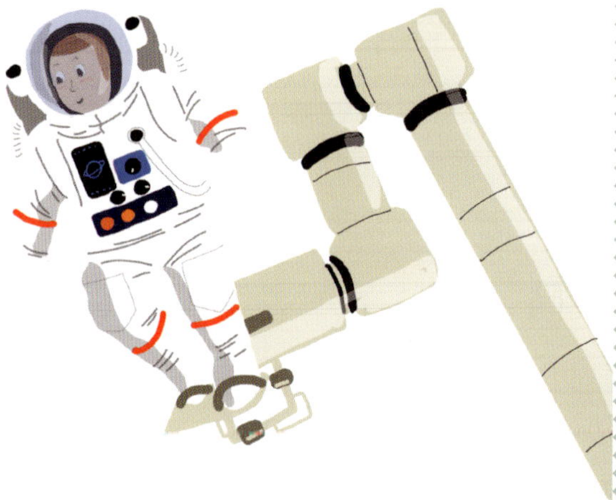

RÉDACTION

Agnès Besson

ILLUSTRATIONS

La Terre et le ciel : **Rebecca Galera**
Au cœur du système solaire : **Patrick Morize**
À la découverte de l'Univers : **Jean-Sébastien Deheeger**
Observer l'espace : **Sophie Verhille**
À la conquête de l'espace : **François Foyard** (pages 66-83)
et **Isabelle Chauvet** (pages 84-91)

Direction de la publication : Sophie Chanourdie
Édition : Magali Marquet
Responsable artistique : Guillaume Dupont
Mise en pages : Pascale Darrigrand
Fabrication : Rebecca Dubois

21, rue du Montparnasse 75006 Paris

ISBN : 978-2-03-598454-8
Photogravure : Irilys
Imprimé en Espagne par Egedsa
Dépôt légal : avril 2021
324838 -01 -11042760 - janvier 2021

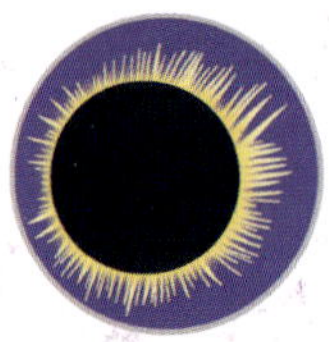